普通高等教育"十三五"规划教材

服装立体裁剪

第三版

邓鹏举 张志宇 徐曼曼 ◎编著

FUZHUANG
LITI CAIJIAN

 化学工业出版社

·北京·

本书从服装立体裁剪的基础原理分析出发，由基本原型到典型服装范例的操作技术讲解，将服装立体裁剪和平面制图的转化进行直观的展现，使设计者真正感受和理解人体与服装的关系，把握技术与艺术的魅力所在。

第一章是对服装立体裁剪的基础知识的讲解，简单地介绍了服装由平面到立体的演变过程，探讨立体裁剪的基础构成原理以及材料、工具和使用方法。第二章介绍了紧身衣、原型省道转移及原型省的变化设计等立体裁剪操作方法和步骤，诠释了服装造型空间、加放量与构成形态规律的关系。第三章着重裙装、外衣、风衣和大衣等实用性服装的操作分析，了解本环节的重点和难点，进一步把握操作技法。第四章深入探讨服装立体造型的平面构成和立体构成的方法，注重开创性的设计操作训练。最后通过对设计大师作品的欣赏和解读加深对立体裁剪重要性的理解。

本书可供高等院校及职业技术院校服装专业使用，也可供服装设计的从业人员参考。

图书在版编目（CIP）数据

服装立体裁剪/邓鹏举，张志宇，徐曼曼编著. —3版.
北京：化学工业出版社，2017.8（2020.1重印）
ISBN 978-7-122-29691-7

Ⅰ. ①服… Ⅱ.①邓… ②张… ③徐… Ⅲ. ①立体裁剪Ⅳ.①TS941.631

中国版本图书馆CIP数据核字（2017）第103378号

责任编辑：蔡洪伟 陈有华 装帧设计：史利平
责任校对：宋 玮

出版发行：化学工业出版社(北京市东城区青年湖南街13号 邮政编码100011)
印 装：大厂聚鑫印刷有限责任公司
787mm×1092mm 1/16 印张13 字数315千字 2020年1月北京第3版第3次印刷

购书咨询：010-64518888 售后服务：010-64518899
网 址：http://www.cip.com.cn

前　言

《服装立体裁剪》(第二版)出版五年来，得到了全国服装专业广大师生同仁和行业人士的大力支持，在此表示感谢。

近几年来，服装行业不断发展，对教学提出了更高要求，编者结合教学过程中发现的实际问题，对书中许多地方做了适当的调整，以适应教学与人才能力培养的需要。尽管如此，还可能会有许多不足之处，在此恳请广大专家、师生、同仁及行业人士不吝赐教。

本次修订，在知识结构、体系框架和内容形式等方面没做大的改动，只是对具体内容和细节处做了相应的补充、更新和调整，以追求精益求精。在第四章中"设计大师作品赏析"部分，我们根据国际服装的流行趋势，融合了近几年的时尚潮流变化，补充了国际设计大师运用立体裁剪手法完成的一些设计作品，供大家参考，以进一步增加读者对服装立体裁剪的认识与理解。

本书由邓鹏举负责统稿和修订工作，其中第二章、第三章由邓鹏举修订和编写，第一章、第四章由大连艺术学院张志宇编写。辽宁轻工职业学院徐曼曼负责本书的图片收集和整理。

编著者
2017年3月

目　录

第一章　服装立体裁剪基础操作

- 第一节　立体裁剪基础认识
- 第二节　服装立体裁剪的准备

学习目标

　　通过本章学习了解服装立体裁剪的产生、发展及作用，正确理解服装立体裁剪的基本构成原理，了解基本工具及材料的使用方法和用途，准确地标定基准线，着重掌握手臂的制作方法。

第一节　立体裁剪基础认识

一、立体裁剪的由来

　　在早期的服装发展中，服装在造型上基本是借助于人体的肩、胸及臀等部位来支撑平面材料，进而形成的某种立体效果，但是这种效果并不是完完全全根据人体的结构而形成的，所以不能完美地体现人体曲线的起伏变化，同时还能带来一种人体功能不需要的冗余，这将直接影响人体的机能和着装效果。例如古希腊时期的希玛纯（Himation），中世纪时期的哥翁（Gown），中国古代的深衣、裳和袍等，这些时期的服装都尚处于非成型阶段当中（如图1-1）。

　　在以三维立体形式完成服装造型的模式上，西方的发展历史要比东方早得多。自罗马分裂之后，受到了日耳曼服装的影响，逐渐由平面的披挂形式向窄小形式演变，并开始进入了紧身贴体的半成型状态。在哥特时代服装完成了一个由宽衣到窄衣的转变过程，一种新型的立体服装造型技术开始出现（见图1-2）。文艺复兴之后，人们的思维和审美受到全新的哲学思想和艺术形式的影响，发生了变化，完全立体化的造型时代便开始了。如今，这种通过立体的手段进行服装裁剪和造型的技术得到了成熟的发展和广泛的应用，并在服装的发展进程中起到了不可替代的作用。

▲ 图1-1　古希腊时期男女服装　　　　▲ 图1-2　哥特时代男女服装

二、服装裁剪三部曲

服装的构成方法是灵活多变的，往往是要根据设计师的喜好或者造型需求来确定。有些款式可以直接在平面纸样上就能完成，而有些款式则是需要通过立体裁剪才能找到更好的造型效果，当然，有时则需要在平面和立体之间反复转换和修整来实现。

1. 平面裁剪

在平面裁剪中服装结构的表现形式为二维制图，即通过经验获得的可控数据来确定规格以及尺寸，进而反映服装各部分结构的平面状态，并以工艺手段将平面版型制成立体效果服装的过程。由于平面裁剪可利用现有的尺寸和比例关系，故掌握和操作起来相对简单，适用于已定型的传统服装样式，对初学者来讲较为适合。

2. 立体裁剪

立体裁剪是直接将布料覆盖在人台或人体上，利用各种裁剪手段在三维空间内完成服装造型，进而获得二维版型，从而实现设计构思的一种技术手段。有些服装设计很难能通过平面的结构制图实现，对这些创新性的设计往往要借助于立体裁剪这种直观手段来取得版型。设计者在进行立体裁剪时可以对每一步骤进行观察和想象，以判断实现最终效果的可能性，并随时调整不合理的造型和结构。此手法灵活多变，既有助于设计的完整性，又能提高设计者的空间想象力和对面料的掌控能力。

3. 平面裁剪与立体裁剪相互依存

完成服装的过程，往往依赖立体裁剪和平面裁剪之间的相互辅助来完成。在立体裁剪时，尤其是开始准备坯布时，设计师常常以平面裁剪的经验完成大的框架结构，来控制材料的浪费进而通过人体或者人台来实现造型需要。由于立体裁剪是通过视觉和感知来操作的，并不能达到完美的结构制图所需要的规范性，所以设计者还需要在平面状态下将立体裁剪所得的版型进行修整，来进一步完善服装版型。

同样，在平面裁剪中，通过检验别合后的立体状态来检验平面版型的准确性，并对其不合理之处进行修整，以得到最终较为理想的效果。

三、立体裁剪的原理

我们的人体是由各种曲面组成的一种三维立体，有的部分较直而有的部分却很曲，如果能将闭合的人体表面分割展开，则会呈现出多变的组合平面。当我们在对人体的外载物——服装进行设计时，往往是按照不同的人体结构部位进行分割和归纳，并加入人体活动机能所需的空间量，进而形成不同的结构。应该说服装的产生是由立体开始，经过平面展开处理，最后进行立体构成，这三个过程来实现的。

以女性的胸部为例，女性的胸部形状从正面看近似于圆形，从侧面看则近似于锥体。我们通过对其表面的不同分割方式，可以得到多种变化的结构，如图1-3所示。

由此看出，分割出的曲面越多则越接近于形体本身的造型，以此例来理解人体和服装之间立体裁剪的关系会更加形象深刻。当然，在立体裁剪中，多面分割能够更好地表现人体的曲线变化，更好地塑造符合形体转折起伏的状态，还要依据人体的比例、结构和曲面关系，在充分满足人体机能性所需的松量基础上，考虑服装工艺的简便性和合理性，利用形式美法则，来对分割部位做适当的概括性设计。

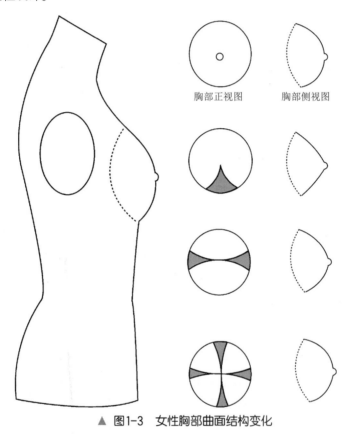

胸部正视图　　胸部侧视图

▲ 图1-3　女性胸部曲面结构变化

第二节　服装立体裁剪的准备

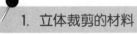
一　材料与用具

1. 立体裁剪的材料

（1）立体裁剪使用的布料：除了有特殊的材料要求或者裁剪要求时，会使用性质相近的面料甚至原面料外，一般情况下，通常使用白坯布进行立体裁剪，既考虑其经济性，还可在造型过程中不受颜色和花型的影响，有助于设计者对于整体造型方面的把握和局部的整理。在使用白坯布时，可以根据款式的不同来选用不同组织、不同厚度的布料。

① toile棉：日本立体裁剪中经常使用的布料，用有色线按经纬方向织出方格的白色平纹布，中国有类似面料称为朝阳葛，非常容易辨认丝缕走向，便于操作和保持纱向。

② 不同厚度的白坯布：通常在立体裁剪不同类型服装时，会选择不同厚度的白坯布，使成品更接近应有的效果。较厚的白坯布用于大衣或较厚的外套；薄的白坯布用于较轻薄的款式；而中等厚度也就是市面上常见的白坯布则可用于多种款式，使用面较广。

③ 原面料或相近面料：当服装的面料有特殊要求，使用白坯布不能很好地达到理想的效果时，可使用原面料或是与其质地特点相近的其他面料，尽量达到与服装设计要求相一致。注意到经济性，一般会采用与原面料相近但较廉价的面料。

考虑到市场上可买到的白坯布在织造和整理的过程中会有不同程度的纬纱斜度，所以一般在立体裁剪时采用撕开的方法备布，并使用熨斗对布片进行熨烫整理，将丝缕倾斜的布片对角拉伸和拔烫，直至布片的丝缕规正，经纬纱向水平垂直，符合操作要求为止。在使用之前还需在布片上沿经纬纱方向标注中心线、胸围线等基准线。

（2）垫肩　根据服装款型或补正体型的需要，有时会使用垫肩。较常使用的有两种：一种是装袖垫肩，肩端呈截面形和圆弧形两种；另一种是插肩袖垫肩，肩端是包住肩头的圆弧形。可以根据不同的设计要求和用途进行选择和使用。

2. 立体裁剪的用具

（1）人台　人台是立体裁剪中必不可少的重要用具，起到代替人体的作用，因此应选用一个体型标准、比例尺寸符合实际人体的人台，同时其质地应软硬适当，便于插拔大头针。实际使用中可以见到很多类型的人台，一般分为以下几类。

① 按人台形态分：可分为上半身人台（见图1-4和图1-5）、下半身人台及全身人台（见图1-6）。较为常见和常用的是上半身人台，包括半身躯干的普通人台、臀部以下连接钢架裙型的人台和臀部以下有部分腿型的人台，可以根据不同的设计要求和用途进行选择使用。

② 按性别和年龄分：人台按性别可分为男性体人台和女性体人台，按年龄分可分为成人体人台和不同年龄段的儿童体人台。较常见和常用的都是成人体的人台，现阶段在我国童装制造中较少使用立体裁剪，所以比较少见儿童体的人台。

③ 按国家地区分：根据不同国家和地区人种体型

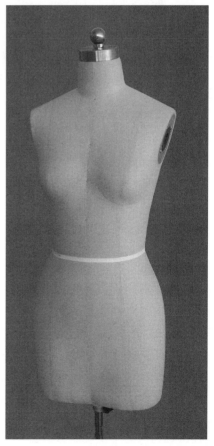

▲ 图1-4

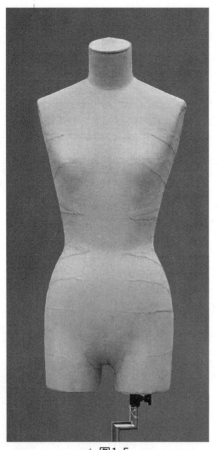

▲图1-5

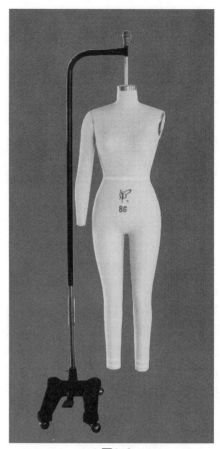

▲图1-6

体态特征的不同，各国会制作符合本国和本地区人种体型的标准人台，现在较常见的有法式人台、美式人台、日式人台等。由于制定标准人台尺寸需要大量的科学测量数据和仪器的观测使用，还涉及多个地区和十分广大的被测人群，是一项很大的工程，我国目前还没有正式开展此项活动，因此我国使用的人台还没有统一标准，多是参考日式人台，在数据上进行一些修改而成的。

　　④ 特殊人台：一些有特殊用途的人台，包括内衣使用的裸体人台；特殊体型人台如胖体人台、瘦体人台等；另外在高级时装定制中，各大品牌或专门店会根据顾客的体型尺寸单独制作人台，以便于进行量体裁衣。

　　（2）剪刀　立体裁剪中使用的剪刀要区别于一般裁剪用剪刀，剪身应较小些，刀口合刃好，剪把合手并便于操作。同时还应备有一把剪纸板专用剪刀，不要混用，以免损伤剪刃（见图1-7）。

　　（3）大头针和针插　立体裁剪专用大头针与常见大头针不同，多用钢制成，针身较长、有韧性并且针尖锋利，很容易刺进人台及别合布片。有的大头针的针顶部位装饰有小圆珠，有各种颜色，可使插入针的部位较明显，适合教学使用，但有时会影响别合和造型。

　　针插用来在操作时插大头针，取用方便。通常使用布面，内填棉花或喷胶棉等，与手腕接触的一面垫上厚纸板或塑料板等，防止针尖刺伤手臂，里侧有皮筋可套在手腕上（见图1-8）。

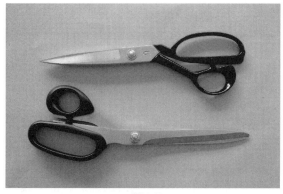

▲ 图1-7

▲ 图1-8

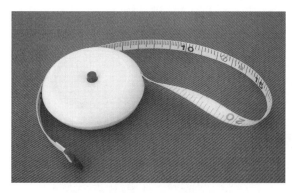

▲ 图1-9

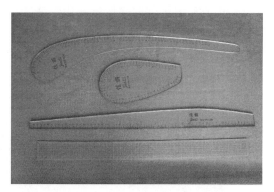

▲ 图1-10

（4）尺　立体裁剪中会用到不同的尺，其中软尺（也称皮尺）用于测量身体或人台围度等尺寸（见图1-9），直尺和弯尺、袖窿尺等用于各部位尺寸的测量和衣片上各线条的描画（见图1-10）。

（5）滚轮　在布样或纸板上做记号、放缝份、布样转换成纸板或是复片时使用。

（6）喷胶棉　用于人台的体型补正或是制作布手臂，也可使用棉花。

（7）粘带　用来在人台上或衣片上作标志线的黏合带，一般为黑色或红色，可透过布看到，宽度为2~3mm。如没有专用粘带，也可使用即时贴或其他胶带，裁成一样宽度即可（见图1-11）。

（8）蒸汽熨斗　在立体裁剪中用来熨烫布片使其平整和丝缕规正，还用于制作过程中的工艺整熨、定型等。

（9）笔　常用的有铅芯较软的铅笔、记号笔等，可标注布片的丝缕方向、轮廓线和造型线，做点影和对合记号等。

（10）手针和线　一般采用本白色和红色的棉线，用作临时假缝和标记用。

▲ 图1-11

二、人台的准备

1. 基准线的贴法

基准线是为了在立体裁剪时表现人台上重要的部位或结构线、造型线等而在人台上标示的标志线。它是立体裁剪过程中准确性的保证，也是操作时布片纱向的标准，同时又是板型展开时的基准线。

除了基本的基准线，有时要根据不同的设计和款式要求，标注不同的结构线和造型线作为基准线。

一般在贴基准线时采用目测和用尺等测量方式共同使用的方法进行标注。

常用的基准点和基准线有：前颈点（FNP）、后颈点（BNP）、侧颈点（SNP）、肩端点（SP）、后腰中心点、前中心线（CF）、后中心线（CB）、胸围线（BL）、腰围线（WL）、臀围线（HL）、肩线、侧缝线、领围线、袖窿线（见图1-12~图1-14）。

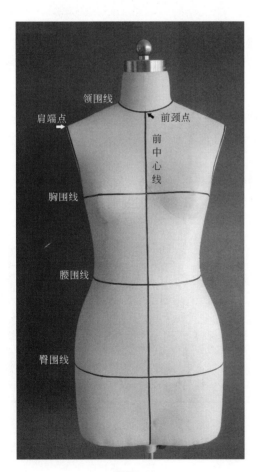

▲ 图1-12

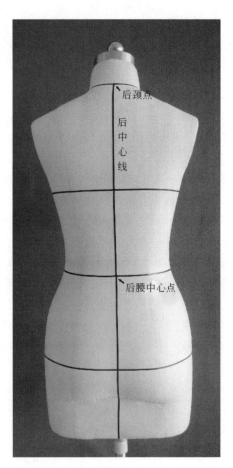

▲ 图1-13

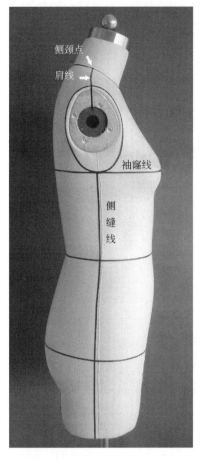

图1-14 ▶

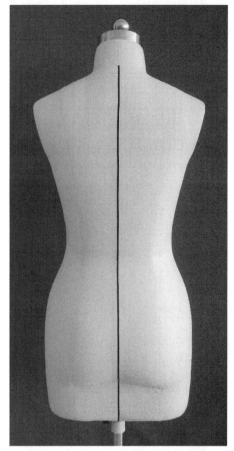

◀ 图1-15

2. 在人台上贴基准线

在人台上贴基准线的步骤如下。

① 后中心线：将人台放置于水平地面，摆正。在人台后颈点处向下坠一重物，找出后中心线（见图1-15）。

② 领围线：从后颈点开始，沿颈部倾斜和曲度走势，经过侧颈点、前颈点，圆顺贴出一周领围线，注意后颈点左右各有约2.5cm为水平线（见图1-16）。

③ 前中心线：在前颈点向下坠一重物，确定并贴出前中心线（见图1-17）。

④ 胸围线：从人台侧面目测，找到胸部最高点（BP点），按此点据地面高度水平围绕人台一周贴出胸围线（见图1-18）。

⑤ 腰围线：在后腰中心点（腰部最

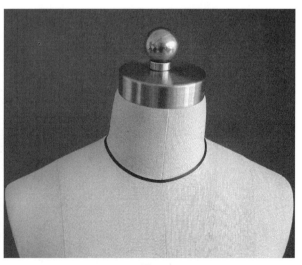

▲ 图1-16

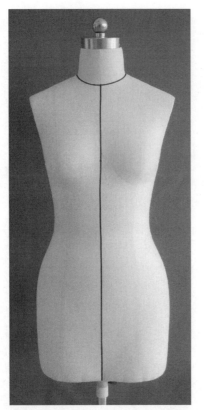

图1-17 ▶

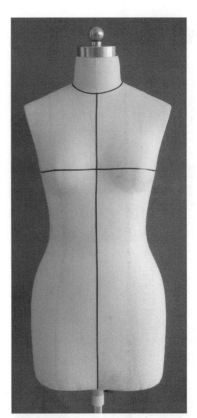

◀ 图1-18

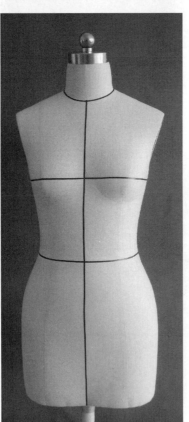

图1-19 ▶

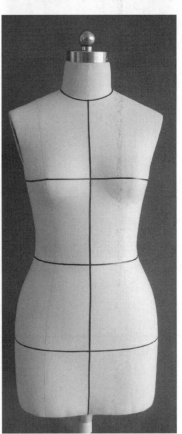

◀ 图1-20

细处）位置沿水平高度围绕人台腰部一周，贴出腰围线（见图1-19）。

⑥ 臀围线：由腰围线上前中心点向下18cm（用T字尺测量），在此位置水平围绕人台臀部一周贴出臀围线（见图1-20）。

⑦ 侧缝线：确认人台前后中心线两侧的围度相等，从人台侧面的胸围线、腰围线、臀围线的1/2点作为参考点。分别向后中心方向偏移1.5cm、2cm和1cm，从胸围线开始，边观察边顺人台走势贴出侧缝线。还可根据视觉美观需求适当调整侧缝线（见图1-21）。

⑧ 肩缝线：连接侧颈点和肩端点形成肩缝线（见图1-22）。

⑨ 袖窿线：以人台侧面臂根截面和胸围线、侧缝线为参考，定出袖窿底、前腋点和后腋点，以圆顺的曲线连接肩端点、前腋点、袖窿底和后腋点一周，贴出袖窿线。注意由于人体结构和功能的关系，前腋点到袖窿底的曲度要较大（见图1-23）。

⑩ 完成基准线标注的人台正面、侧面和背面（见图1-24 ~ 图1-26）。

⑪ 除了基本的基准线之外，经常在操作中用到的还有前后公主线、背宽线及前后侧面线。

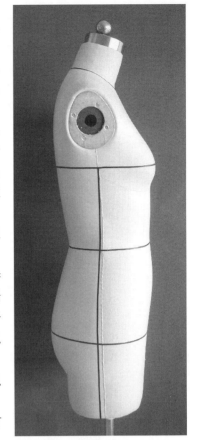

▲ 图1-21

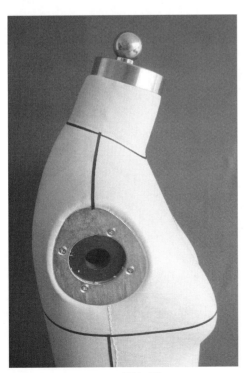

▲ 图1-22

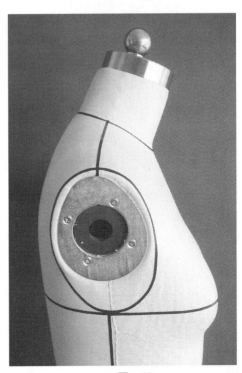

▲ 图1-23

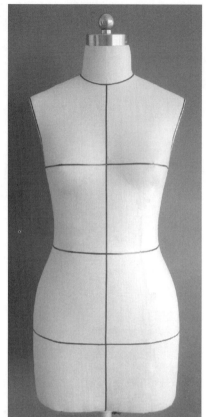

图1-24 ▶

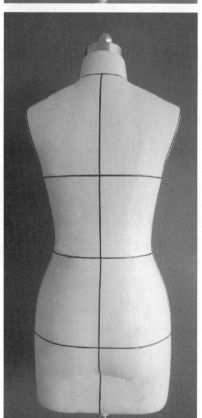

◀ 图1-25

图1-26 ▶

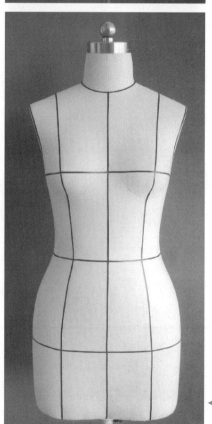

◀ 图1-27

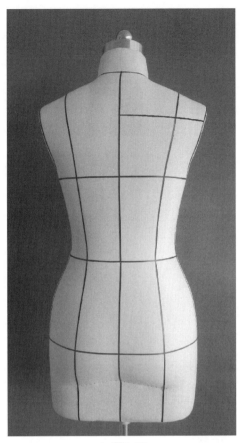

▲ 图1-28

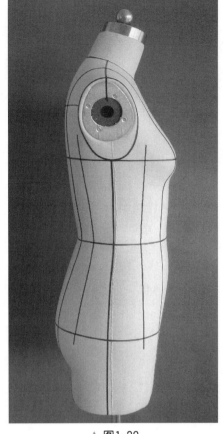

▲ 图1-29

前公主线从肩线1/2处开始，向下通过BP点，经过腰部和臀部时考虑身体的收进和凸出，从臀围线向下垂直至底摆。后公主线从前公主线肩点开始，经过肩胛骨的突出部位，同前面一样经过腰围线和臀围线，然后垂直贴至底摆。

为保证纱向的正确性，在前、后公主线到侧缝的1/2位置向上下保持竖直，贴出侧面基准线，在肩胛骨最高处水平贴出标志线（大约自后领围线与胸围线1/2向上约1cm）（见图1-27~图1-29）。

3. 人台的补正

在实际应用中，标准人台是适合普遍规格尺寸的，但在完成不同体型特征和不同款式要求的服装操作时，还需要进行不同部位和尺寸的补正。人台的补正分为特殊体型补正和一般体型补正。特殊体型补正包括鸡胸体的补正、驼背体的补正、平肩体的补正等。一般体型补正包括肩的垫起、胸部的补正、腰臀部的补正、背部的补正等。一般人台的补正，是在人台的尺寸不能满足穿着对象的体型要求或是款式有特殊要求时所进行的补正。

人台的补正通常在人台表面补加垫棉和垫布使人台外形发生变化。

（1）肩部的补正

① 根据不同体型和款式要求，在人台的肩部加放喷胶棉，并修整形状。肩端方向较厚，

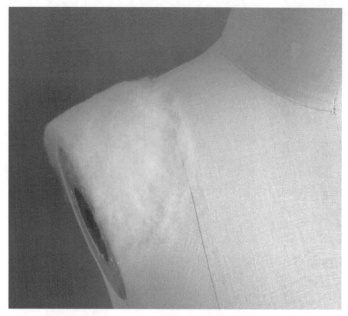

▲ 图1-30

向侧颈点方向逐渐变薄，前后向下逐渐收薄（见图1-30）。

②根据需要的尺寸裁出三角形布片，将布片覆盖在喷胶棉上，周围边缘处用大头针固定，调整补正的形状（见图1-31）。

③沿补正布片边缘固定。也可直接使用各类垫肩（见图1-32）。

（2）胸部的补正

①根据测量好的尺寸，在人台胸部表面加放喷胶棉，修整形状，使中间较厚，边缘逐渐变薄（见图1-33）。

②裁圆形布片，面积以

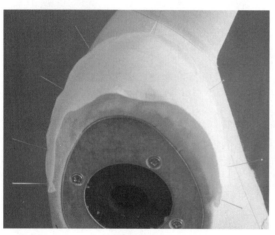

▲ 图1-31

▲ 图1-32

能覆盖胸部为准，根据需要的胸型做省，省尖指向中心点，省量的大小与胸高相关。将布片覆盖在喷胶棉上，周围边缘处用大头针固定，调整补正的形状（见图1-34）。

③沿补正布片边缘固定，从各角度观察并调整（见图1-35）。

（3）臀部的补正

①将喷胶棉根据补正的要求加放在人台的髋部、臀部及周边，修整形状，要注意身体的曲线和体积感（见图1-36）。

②根据需要的尺寸裁出布片，将布片覆盖在喷胶棉上，周围边缘处用大头针固定，调整补正的形状（见图1-37）。

③沿补正布片边缘固定（见图1-38）。

（4）补正完成的人台（见图1-39~图1-41）

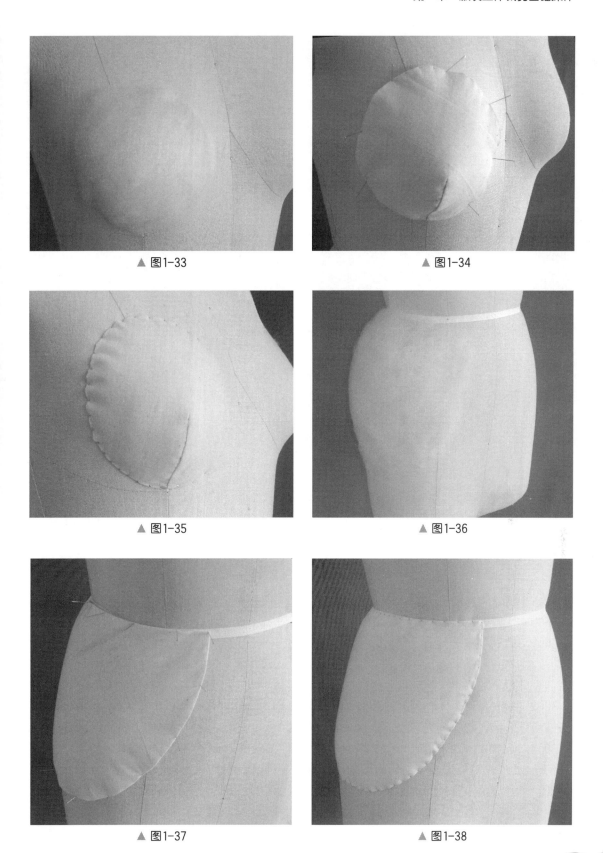

▲ 图1-33

▲ 图1-34

▲ 图1-35

▲ 图1-36

▲ 图1-37

▲ 图1-38

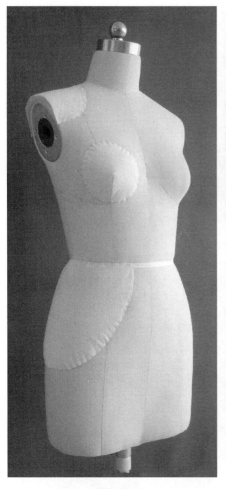

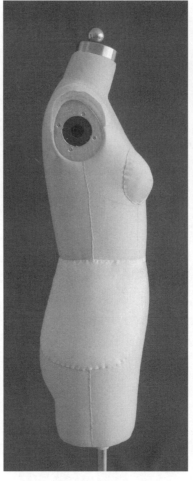

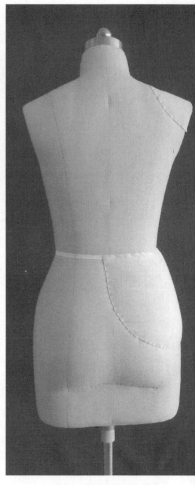

▲ 图1-39　　　　　　　　　　　▲ 图1-40　　　　　　　　　　　▲ 图1-41

4. 布手臂的制作

　　布手臂在人台上充当人体手臂的角色，是进行立体裁剪的重要工具。在常用的人台上一般不带有手臂，需要自行制作。手臂形状应尽量与真人手臂相仿，并能抬起与装卸。一般根据操作习惯只制作一侧的手臂。

　　（1）布手臂的制图　布手臂的围度和手臂的长度可根据具体要求，参考真人手臂尺寸确定。手臂根部的挡布形状与人台手臂根部截面形状相似（见图1-42）。

　　（2）布片的准备　估算大小袖片的用布量（即大、小袖片的最长最宽尺寸），备出布片，熨烫整理纱向。沿布的经纬纱方向标出袖片的袖中线、袖山线和袖肘线。再将手臂的净板画在布料上，放出缝份，袖根和手腕截面处分别留2.5cm和1.5cm毛份。

　　① 缝合大小袖片，对袖缝前弯的袖肘处进行拔烫或拉伸，后袖肘处缝合时加入适当缝缩量，缝合后使手臂呈一定角度的自然前倾。缝份劈缝熨开（见图1-43）。

　　② 将布手臂内填充的喷胶棉裁剪成形，可根据喷胶棉的厚度和手臂的软硬度来确定（见图1-44）。

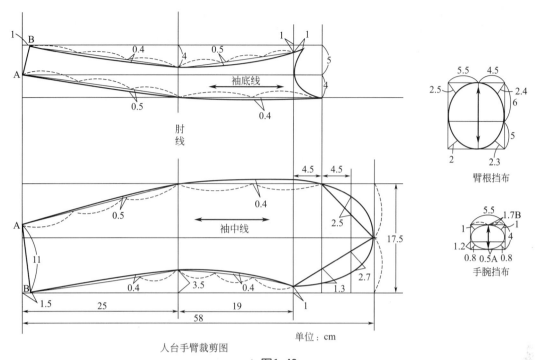

袖底线

肘
线

袖中线

人台手臂裁剪图

臂根挡布

手腕挡布

单位：cm

▲ 图1-42

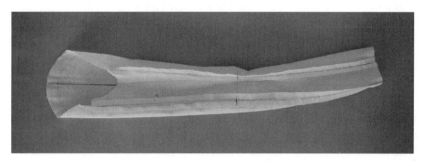

图1-43 ▶

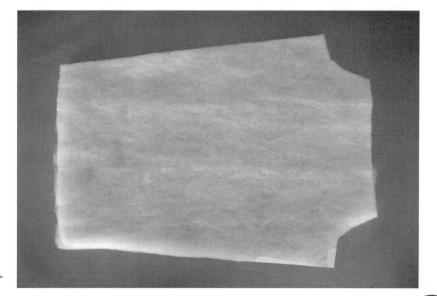

图1-44 ▶

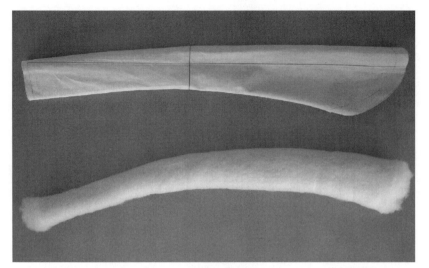

▲ 图1-45

③ 缝合填充棉成手臂形状，与手臂布套进行比较，确认其长短和肥度是否合适（见图1-45）。

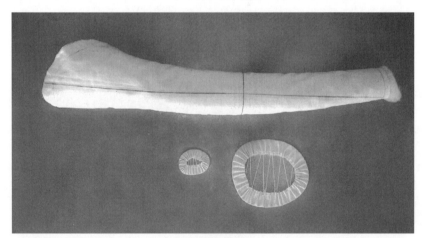

▲ 图1-46

④ 将填充棉制的手臂形装入手臂布套内，整理光滑平顺。同时将剪好的臂根和手腕截面形的纸板放入准备好的布片中，做抽缩缝（见图1-46）。

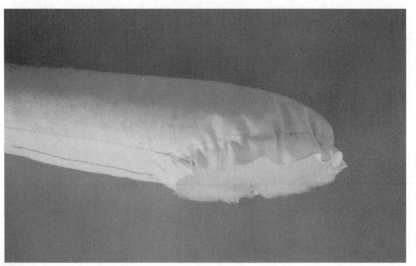

▲ 图1-47

⑤ 整理好臂根处露出的喷胶棉的毛边，在袖山净份向外0.7cm宽处，以0.2cm针距进行缩缝，根据手臂根部形状分配缩缝量，并整理（见图1-47）。

⑥ 手腕处也使用与臂根处同样的方法进行缩缝并整理（见图1-48）。

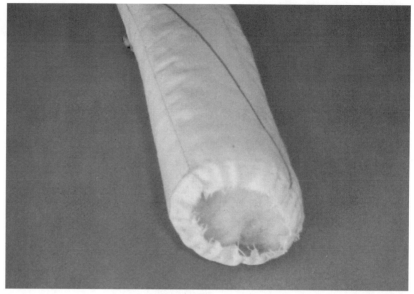

▲ 图1-48

⑦ 将布手臂的臂根围与臂根挡布、手腕与手腕挡布固定，使用撬针法进行密缝。准备净宽2.5cm对折布条，用密针固定在布手臂的袖山位置（见图1-49）。

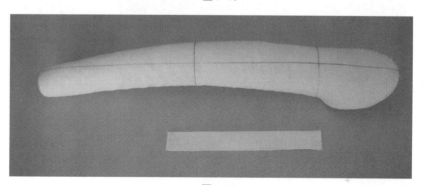

▲ 图1-49

⑧ 布手臂完成（见图1-50和图1-51）。

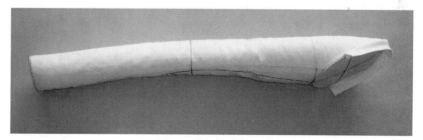

▲ 图1-50

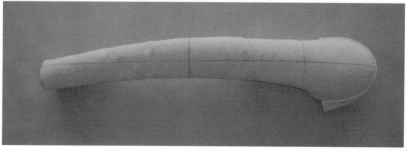

▲ 图1-51

三、大头针的固定别合

在进行立体裁剪操作时，使用必要的针法对衣片或某个部位加以固定和别合，是使操作简便并保证造型完好的重要手段。

1. 大头针的固定法

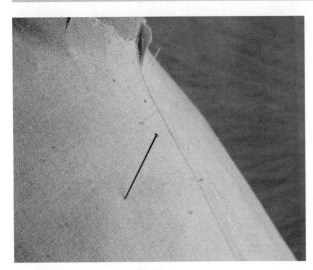

▲ 图1-52

（1）单针固定　用于将布片临时性固定或简单固定在人台上，针身向布片受力的相反方向倾斜（见图1-52）。

（2）交叉针固定　固定较大面积的衣片或是在中心位置等进行固定时，使用交叉针法固定，用两根针斜向交叉插入一个点，使面料在各个方向都不易移动。针身插入的深度根据面料的厚度来决定（见图1-53和图1-54）。

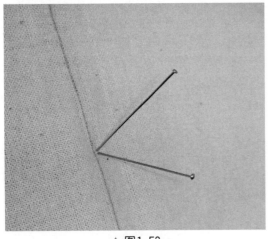

▲ 图1-53

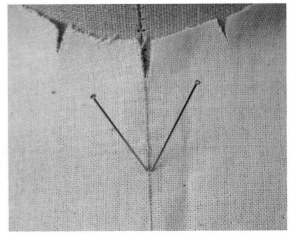

▲ 图1-54

2. 大头针的别合法

（1）重叠法　将两布片平摊搭合后，重叠处用针沿垂直、倾斜或平行方向别合，此法适于面的固定或上层衣片完成线的确定（见图1-55~图1-57）。

（2）折合法 一片布折叠后压在另一片布上用大头针别合，针的走向可以平行于折合缝（即完成线），也可与其垂直或有一定角度。需要清晰地确定完成线时多使用此针法（见图1-58~图1-60）。

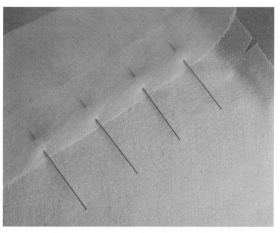

▲ 图1-55

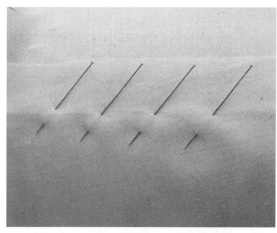

▲ 图1-56

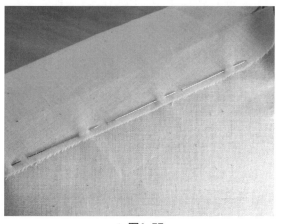

▲ 图1-57

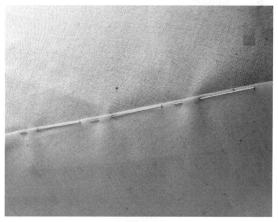

▲ 图1-58

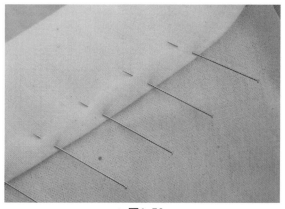

▲ 图1-59

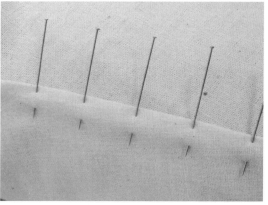

▲ 图1-60

（3）抓合法　抓合两布片的缝合份或抓合衣片上的余量时，沿缝合线别合，针距要均匀平整。一般用于侧缝、省道等部位（见图1-61和图1-62）。

（4）藏针法　此法的操作方法是大头针从上层布的折痕处插入，挑起下层布，针尖回到上层布的折痕内。其效果接近于直接缝合，精确美观，多用在上袖时（见图1-63）。

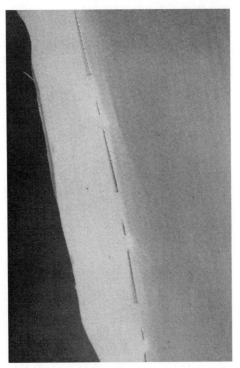 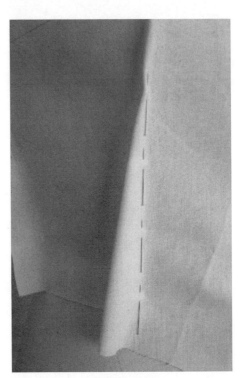

▲ 图1-61　　　　　　　　　　　　　　▲ 图1-62

▲ 图1-63

技能训练题

1. 以所使用的人台为对象，准确标出各部位的基准线。
2. 认真观察人体的体型特征，并按要求完成布手臂的制作。

第二章　服装立体裁剪基本型操作

学习目标

　　本章主要介绍立体裁剪的基础造型，即紧身衣、衣身原型、省的转移等基本操作手法，要求学生通过图例掌握立体裁剪的基本手法，结合省的转移理解人体的特征，进一步掌握省的变化与设计，熟悉立体裁剪的别合、成型及描图的全过程。

第一节　紧身衣的操作

一　人台基准线的标定

基准线的标定，是立体裁剪操作之前必要的准备工作（参考人台基准线标定）。

二　操作方法和步骤

1. 坯布准备

① 准备前衣身一片，后衣身、前侧片、后侧片各两片。布片长度用量，前后片是从人台侧颈点开始向下获取衣长，侧片是从结构分割点开始向下量至衣长，再加8cm左右。宽度的用量是在人台结构分割面上水平方向最宽处测量数据后追加6cm左右操作量，如果操作前后中心线分开的衣身结构，还要在中心线向外多增加10cm，保证衣片左右的平整（见图2-1）。

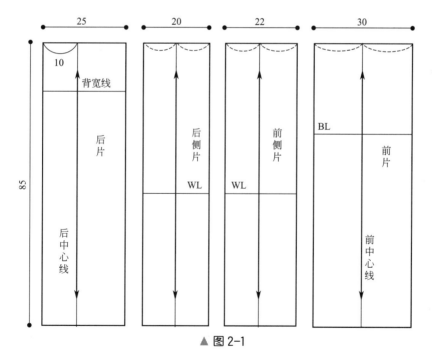

▲ 图2-1

② 用熨斗整理纱向使布片的经纬丝缕水平垂直，是保证立体裁剪准确性的重要步骤。
③ 在每一片坯布上利用经纬纱向做标志线。

2. 别合

① 将前片前中心线、胸围线与人台的前中心线、胸围线对准，在前颈点下方用大头针固定，同时在左右BP点用大头针固定，保持平直。臀围线与前中心线交点用大头针固定（见图2-2）。

② 沿前中心线向下开剪，至前颈点上方1cm处，并从胸高点向上找到侧颈点，用大头针作标记，将领口线保留1cm余份，剪掉多余的部分后在侧颈点用大头针固定（见图2-3）。

为了消除领围的皱褶，在领围缝份上打剪口，使之与人台更加复合。用同样的手法对称地操作出另一半领口造型。

③ 用抓合针法做出BP点之间的胸沟省。根据人台上的基准线，在前片上用粘带贴出公主线，腰节的部分打剪口，以便更好地复合人台找准腰部曲度线。保留2.5cm左右的调整量，多余部分剪掉（见图2-4）。

④ 侧片的胸围线、中心线与人台上的胸围线、纵向垂直线相吻合，在胸围线、腰围线及臀围线上用大头针做固定（见图2-5）。

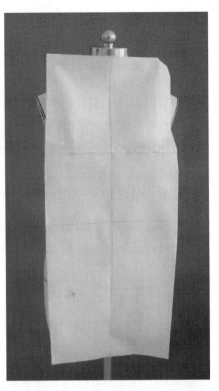

▲ 图2-2

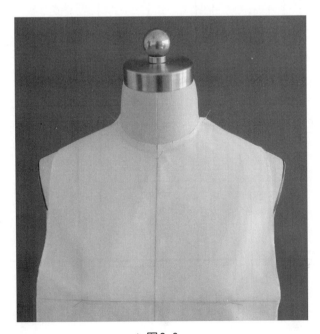

▲ 图2-3

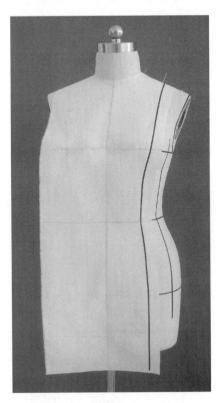

▲ 图2-4

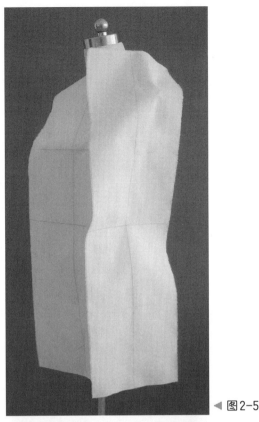

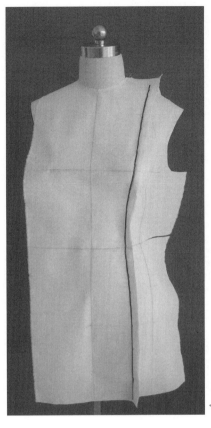

◀ 图2-5

◀ 图2-6

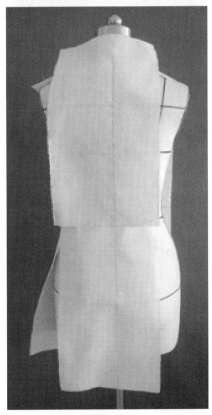

▲ 图2-7

⑤ 侧片与前片的胸围线对准，同时注意腰围线、臀围线的纱向保持水平，用抓合针法将两片贴着人台别合，不留松量，修剪多余的布。

在胸高点附近出现缩缝和拔开的量，处理时也要保持丝缕的一致性。

参照人台的基准线，保留2cm的余量，修剪袖窿和肩部多余的布（见图2-6）。

⑥ 将后片的后中心线、背宽线与人台上的基准线相对应，并用大头针固定，在腰部开剪，使其与人台复合，用针固定腰部及臀部（见图2-7）。

⑦ 保留1cm缝份，剪掉领口多余的量，并在领口上打剪口，用大头针固定侧点点。在后片上参照人台基准线用粘带贴出后公主线（见图2-8）。

⑧ 将前肩线与后肩线沿着人台的基准线进行抓合固定，保留2.5cm的余量，修剪肩部多余的布（见图2-9）。

后侧片与前侧片的操作方法相同。在侧面的腰围线处打剪口，将后片与后侧片用抓合针法别合，

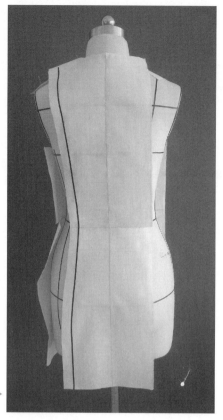

图 2-8 ▶

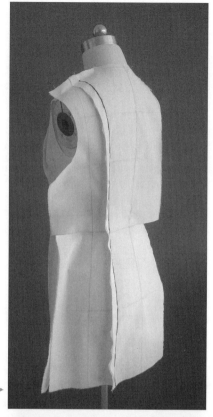

图 2-9 ▶

保留 2.5cm 的调整量，剪掉多余的布。注意其胸、腰、臀处的丝绺要保持水平。

⑨ 侧缝用抓合针法从腰部开始沿侧缝用大头针别合，在腰部凹进的缝份部分打剪口，使其不起皱。臀部突出部分注意放入一定的缩缝量。

保留 2.5cm 的调整量，剪掉侧缝多余的布，观察衣身别合的圆顺程度，丝绺是否水平和垂直，并进行适当调整。修整袖窿（见图 2-10）。

用铅笔沿着大头针别合线和领围线、袖窿线和衣长的位置进行点影，同时对必要的对位点进行标注。

⑩ 将别合好的衣身布样从人台上取下，拔掉大头针，在平面上检查其尺寸，修正不圆顺的线，画出净份线（见图 2-11）。

⑪ 将归、拔的位置作适当的修正。保留 1cm 的缝份，剪去多余部分，用熨斗整理平整（见图 2-12）。

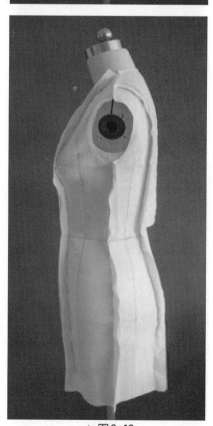

▲ 图 2-10

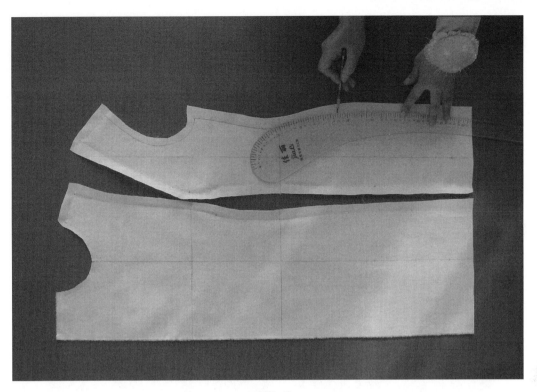

▲ 图2-11

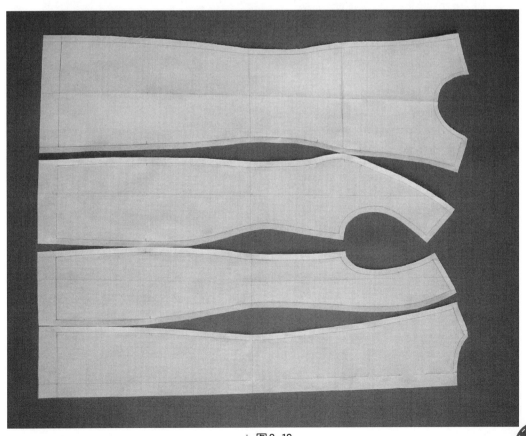

▲ 图2-12

3. 描图

描图是立体裁剪操作中最后一个重要的环节，包括三个操作步骤，即复片、拓板、调板。

（1）复片　复制另一侧的衣片。将复写纸放入样片和坯布之间，上下布片的纱向一致，用滚轮沿净线滚动或用铅笔做点线，放出缝份，裁净（参照三开身翻领上衣复片）。

（2）拓板　参照衣身原型省道变化设计（见图2-75）。

（3）调板　参照衬衫调板。

4. 成型

① 将修正好的布样在平面上别合，前、后公主线缝份倒向中心，侧缝线倒向前片，后肩线压前肩线（见图2-13和图2-14）。

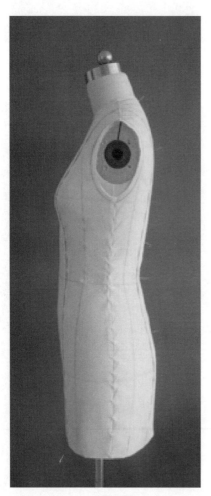

▲ 图2-13

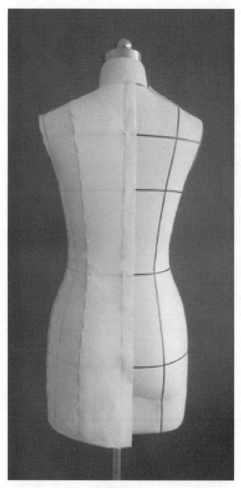

▲ 图2-14

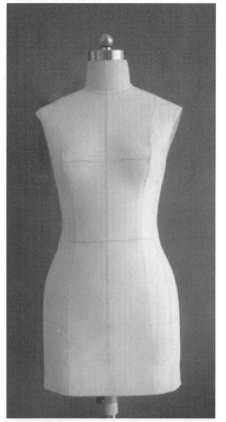

图2-15 ▶

◀图2-16

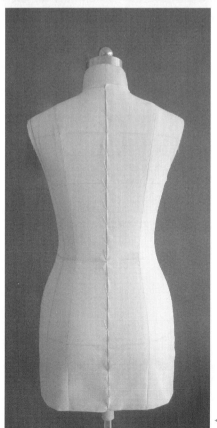

　　将别合好的衣身穿在人台上进行观察，对于别合不理想的部位作进一步的调整，并做好点影线位置，再一次地修正板型。

　　② 对调整好的衣片进行缝制，后右片压向左片，用折叠针法别合。再次确认各线的吻合情况，检查衣身是否平整，底边内折后熨平（见图2-15~图2-17）。

◀图2-17

第二节　衣身原型立体裁剪

原型的立体裁剪是平面裁剪的基础，而衣身的原型省道变化又是服装设计的关键。

一　衣身原型的种类

原型的种类有很多。根据不同的服装款式使用不同的原型，是完成服装结构制图获得板型的捷径之一。

① 日本文化式原型所呈现的造型，前后衣片均为垂直的箱型，后肩部收省，适合为直身形造型的服装作基础板型。

② 前梯形、后箱型并且前袖窿收省的原型，多在孕妇装设计中使用。

③ 前收紧、后箱型，后肩收省的原型，多用于前身合体、后身较为宽松的服装造型。

④ 前后身均为梯形的原型，适合做宽松体服装造型的基础板型。

⑤ 前后紧身，前袖窿收省的原型，适合为合体服装造型做基础板型。

⑥ 前箱型、后梯形，前袖窿收省的原型，适合于前身较直而后身表现为宽松的服装造型。

二　衣身原型操作（紧身型）

此款原型在前衣片作了腰省和袖窿省处理，在后片做出肩部和腰部的收省（见图2-18）。

1. 坯布准备（见图2-19）

① 坯布的用量可以直接在人台上获取，也可以从侧颈点经胸高点到腰节的长度加6cm操作量来确定前

图2-18 ▶

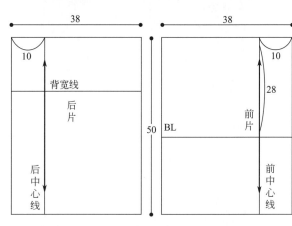

▲ 图2-19

衣片长。后片也从侧颈点经肩胛骨高点至腰节量取长度，加6cm操作量。

前、后片宽度则从中心线到侧缝的宽加13cm的操作量，再加入适当的放松量来计算。

② 用熨斗整熨布片，确认布片纱向的经纬丝缕保证水平垂直。

③ 在每一片坯布上根据操作需要画出标志线。

2. 人台准备

肩部加放0.5 ~ 0.8cm肩垫作为原型肩部所需松量。由肩点放出0.5 ~ 0.8cm的冲肩量。重新贴好袖窿线、肩线（见图2-20）。

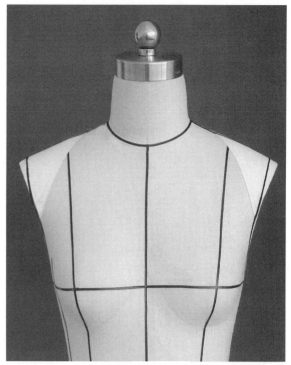

▲ 图2-20

3. 别合

① 前片前中心线、胸围线与人台的前中心线、胸围线对齐，在前颈点下方用大头针固定，同时在左右BP点用大头针固定，使之保持平直状态（见图2-21）。

将中心线开剪距前颈点上方1cm处，并从胸高点顺布片纱向向上找到侧颈点，用大头针作标记，将领口线保留1cm缝份，剪掉多余的部分。打剪口，整理。在侧颈点用大头针固定。

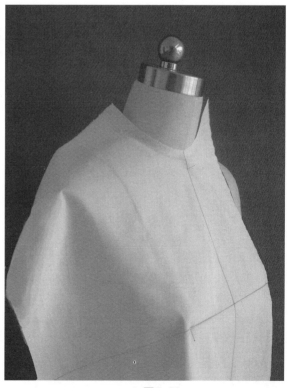

▲ 图2-21

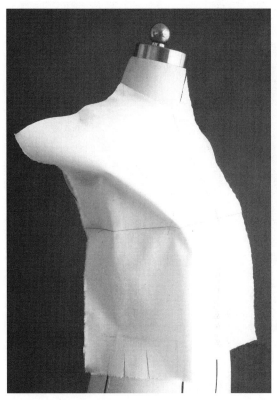

▲ 图2-22

② 胸围线处水平加放2cm左右的松量，在侧面胸围线上用针固定，侧颈点到肩点平抚，在肩点固定（见图2-22）。

③ 将袖窿部位多余的量集中到前腋点位置，留出一指的空间余量，其余部分作为袖窿省量，用抓合针法别出省道，指向BP点。注意别合时不能紧贴人台，要保留一定空间，省尖与BP点有3～4cm间距，省尖消失自然。剪去袖窿和肩部多余的布（见图2-23）。

④ 侧缝线自上而下到腰节完全帖服在人台上，用大头针在腰部固定。在胸高点以下将腰部形成的余量垂直抓合起来，确定省尖的位置，同时在腰部保留三分之一的余量做活动松量，用抓合针法别合，依次顺延到省尖（见图2-24）。

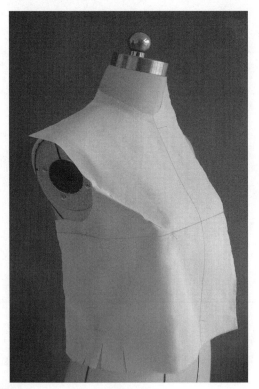

▲ 图2-23

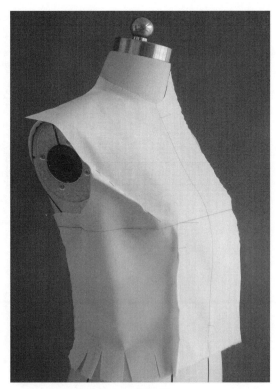

▲ 图2-24

⑤ 后片的中心线、背宽线与人台的中心线、背宽线对准，用大头针固定沿后中心线自上而下平铺在人台上，后中心线偏离的部分是后中心省道的量，用大头针在腰部固定。

剪去领部多余的布，用针在侧颈点固定，在领部不平整的地方打剪口（见图2-25）。

⑥ 在背宽处水平放入3cm松量，在侧缝用大头针固定，将背部松量整理成自上而下的箱型轮廓。从肩端点向颈部推进的小部分余量，紧贴着肩背将肩省抓合出来，省尖指向肩胛骨方向（见图2-26）。

⑦ 沿着人台肩部的基准线，用抓合针法别合前、后肩缝份，剪去肩部、袖窿处多余的布。从侧缝固定点向下捋顺至腰节固定，同时将腰围线以下打剪口，使衣片符合

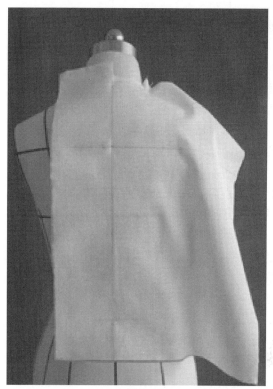

▲ 图2-25

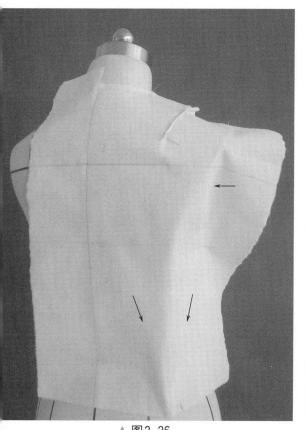

▲ 图2-26

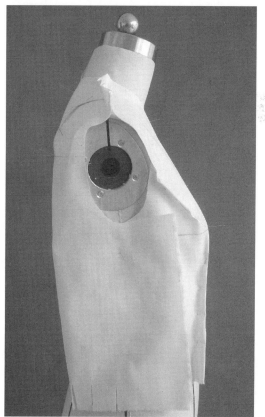

▲ 图2-27

腰部曲度变化（见图2-27）。

⑧ 将腰部所有的余量在公主线位置进行抓合，其中余量的三分之一留做松量，三分之二作为省量，省道自然顺延并指向肩胛骨位置，用抓合法别合（见图2-28）。

⑨ 将前后片的松量各自推向中心方向，在胸围、腰围、臀围处进行固定，后片与前片胸围线水平对齐，紧贴人台沿侧缝线用抓合针法别合，保留2cm调整量，并剪去多余的布（见图2-29）。

⑩ 观察各部位的形状、松量及丝缕方向，调整之后，在前后领围线、肩线、袖窿线、侧缝线、腰围线、各省道线等部位画出点影线及对合记号（见图2-30）。

⑪ 取下衣身，拔掉大头针，用折叠针法别合后肩省和袖窿省，肩部缝份倒向后片，然后画顺领围线、肩线和袖窿线，保留1cm缝份，剪掉多余的部分（见图2-31和图2-32）。

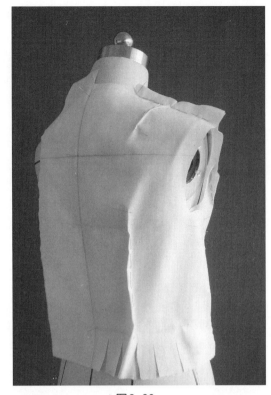

▲ 图2-28

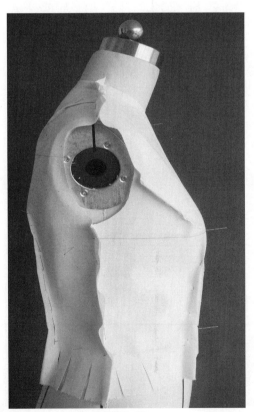

▲ 图2-29

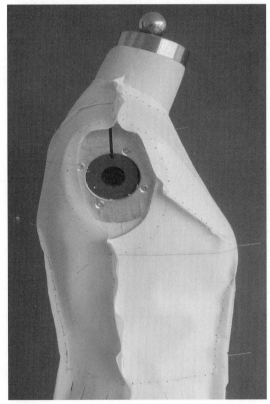

▲ 图2-30

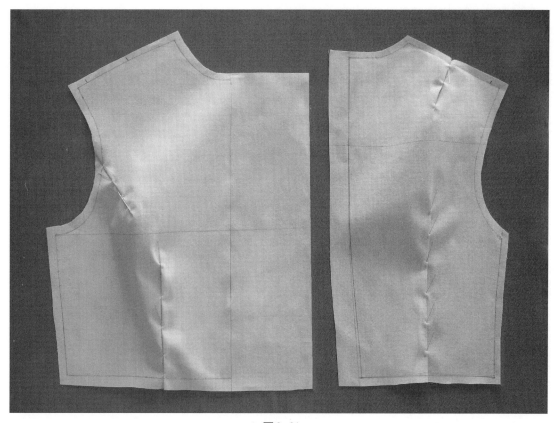

▲ 图2-31

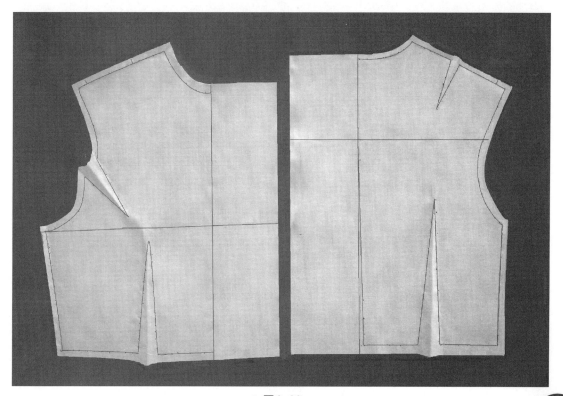

▲ 图2-32

用折叠针法将前、后片腰省别合，倒向中心线方向，侧缝别合后倒向前片，然后画顺腰节线。保留1.5cm缝份，剪掉多余的布。重新确定后中心线。

⑫ 将别合成型的衣身再次穿在人台上，观察衣身的平整和曲度关系，进行修整（见图2-33~图2-35）。

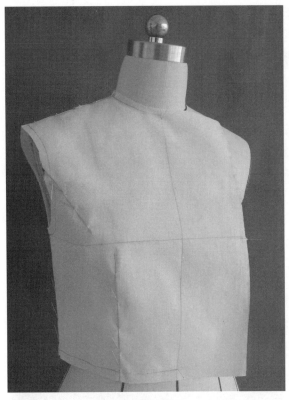

▲ 图2-33

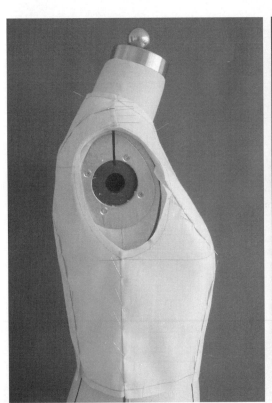

▲ 图2-34

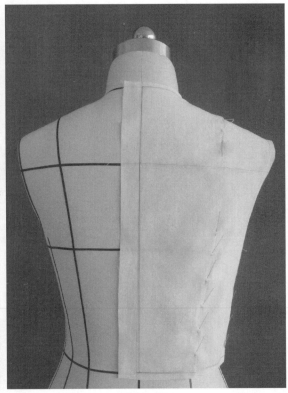

▲ 图2-35

⑬ 将修整好的衣身取下，画好衣身片的修正线，再次整理、熨烫，进行复片和拓板（本步骤参照衣身原型省道转移）。用折叠针法别合或缝制的手法完成样衣成型（见图2-36～图2-38）。

本书在后面的范例操作中，以别合成型作为最终结果，省略了样衣缝制步骤，大家可根据需要完成其缝合步骤。

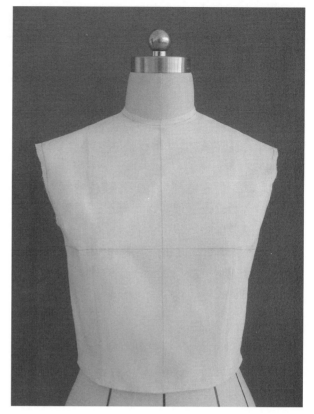

▲ 图2-36

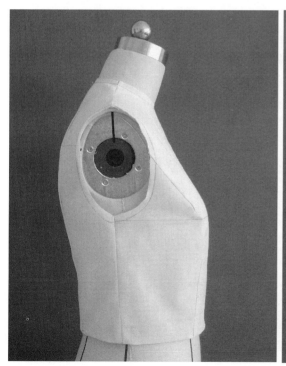

▲ 图2-37

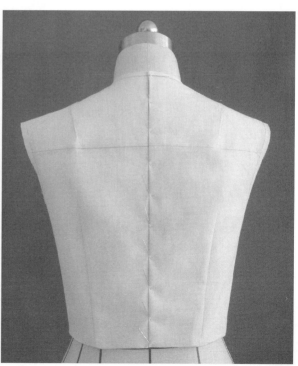

▲ 图2-38

三、衣身原型省道转移

前衣身的省道可以围绕BP点进行360°的转移，即从胸腰省转换成其他形式的省。大致可以归纳为六种：领口省、肩省、袖窿省、侧缝省、腰省、门襟省等（见图2-39），在实际应用中可以将省量全部转移，也可部分转移。省道可设定为单省，也可以为两个以上的复省同时存在。

后衣身的省道分为肩背省和腰省两部分，二者不能合并为一，但可以根据款式的需要将后肩省作为吃量收进。以下的衣身原型省道转移操作只将前片作为重点介绍，而后片作为辅助介绍。

人台的基准线标定与坯布的准备部分可参考"衣身原型操作"部分。

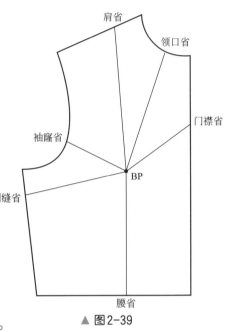

▲ 图2-39

1. 肩省

此款原型将前片部分省量转移到肩部，后片只在肩部作了收省处理，呈现箱型变化（见图2-40）。

▲ 图2-40

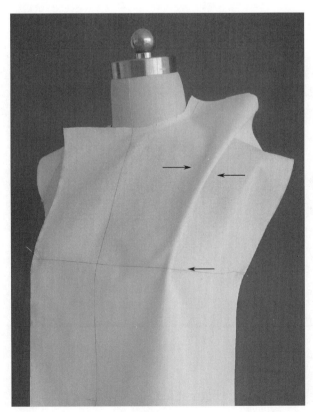

▲ 图2-41

① 将前衣片的胸围线、前中心线对准人台的基准线，在前颈点下方、两侧BP点用大头针固定，注意胸高点之间拉平，不能出现凹陷。领围处剪去多余布，打剪口整理平服（见图2-41）。

保持胸围线水平，从侧缝向BP点方向轻推出需要的松量，在侧缝处固定。胸围线以上的余量在肩线约1/2处捏省，省尖指向BP点。

② 确认肩部省量、位置和方向，保留胸宽处和BP点周围的松量，别出省道。将肩线和袖窿处的余布剪去。

在侧缝处，由固定点向下，衣片向下与人台贴合，找出侧缝线并在腰部固定。保证胸、腰部的空间量，自然形成箱型，腰部缝份打剪口帖服于人台（见图2-42）。

③ 将后片中心线、背宽标志线与人台的后中心线和背宽线对齐。由背宽线向上向侧颈点方向抚平衣片，在后颈点下方用大头针固定，沿领围线向侧颈点边推边剪去余量，打剪口使其平服，并保留一定松量。

沿背部向下抚平衣片，与人台贴合，后中心线处形成倾斜，向右侧偏移的量可作为后背中心线的省道量。

后中心线向背宽处沿水平方向轻推衣片，至肩端点处向上，在后肩部形成肩省。保证肩胛骨周围的松量，确认肩省的位置，省尖指向肩胛骨最高处，用大头针固定（见图2-43）。

④ 胸围线处加入一定松量，在侧缝固定。抓合前后衣片的肩线，剪去肩部和袖窿处的余布，同时注意保持背宽侧面的松量。

从侧缝固定点向下，松量推向中心线方向，固定。确认胸部和腰部的空间量，腰部缝份

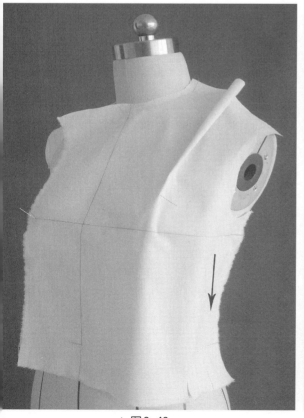

▲ 图2-42

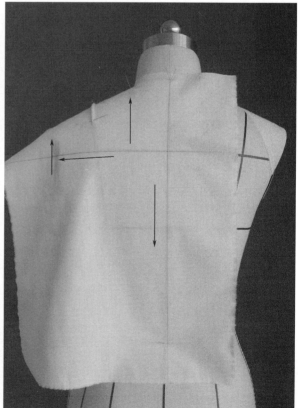

▲ 图2-43

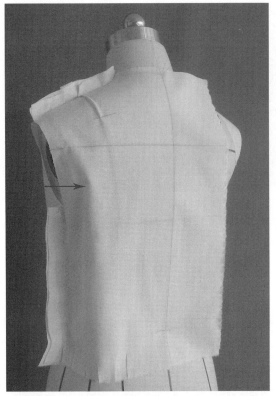

▲ 图 2-44

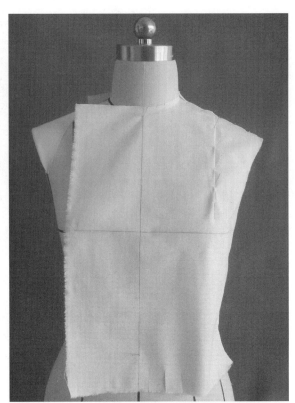

▲ 图 2-45

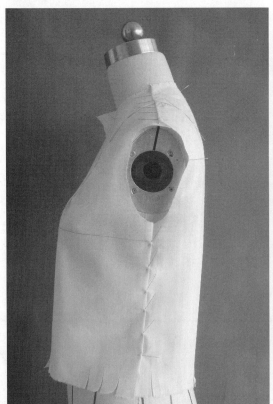

▲ 图 2-46

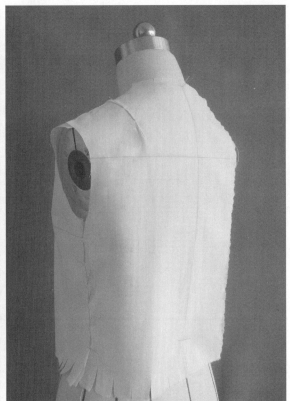

▲ 图 2-47

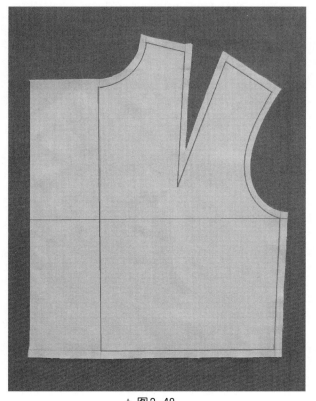

▲ 图2-48

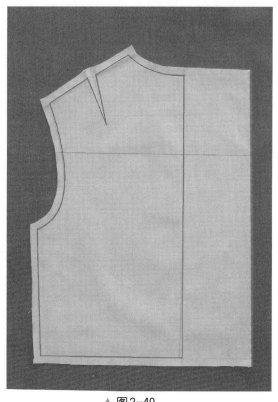

▲ 图2-49

打剪口帖服于人台，前后片水平对齐、抓合，用大头针固定（见图2-44）。

⑤ 点影后取下衣身，进行调整并重新别合，在人台上试穿并对衣身的空间量、省量、领围线、肩线、袖窿线等进行观察，并进一步修改和确认（见图2-45~图2-47）。

⑥ 前、后平面展开图，重新确定偏移的后中心线位置（见图2-48和图2-49）。

2. 领口省

此款原型将前片省量转移到领口部（见图2-50）。

① 将前片的中心线对准人台中心线，胸围线与人台胸围线保持一致，固定BP点。保持胸围线水平，从侧缝向前轻推，为前衣片加入松量，在侧缝处固定。

▲ 图2-50

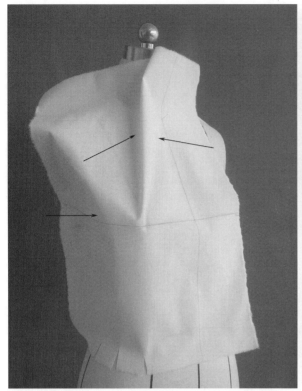

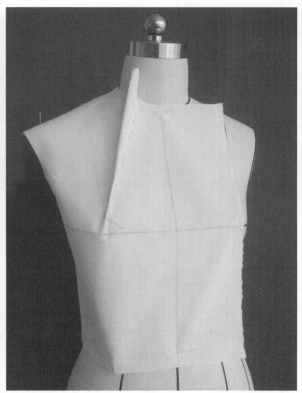

▲ 图2-51

▲ 图2-52

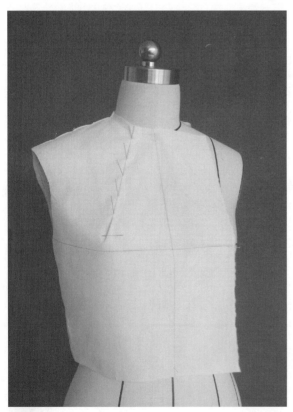

◀ 图2-53

将侧缝处衣片抚平，保证胸围和腰部的空间，确定侧缝，在腰围线处固定，腰围缝份打剪口（见图2-51）。

在前片领围上确定省位，将袖窿处的余量向肩部转移，再继续推向领围，形成指向BP点的领口省。

② 确保BP点周围和侧面的松量，观察省的方向、位置及省量，抓合并用大头针别出省道。将领围、肩线、袖窿以及侧缝线等余布剪去（见图2-52）。

③ 将前片与后片别合，画好点影线，取下大头针并调整板型。重新别合后穿回人台，进行再次观察和调整（见图2-53）。

④ 前衣片平面展开图（见图2-54）。

3. 侧缝省

图2-55的款式原型是将前片的省量转移到了侧缝部分。

① 将前片中心线、胸围线与人台对应的基准线对准，固定前颈点下方和BP点，向上抚平衣片，剪去领部多余的量，打剪口使领部平服。从颈部到肩部向下平推衣片，使余量倒向侧缝（见图2-56）。

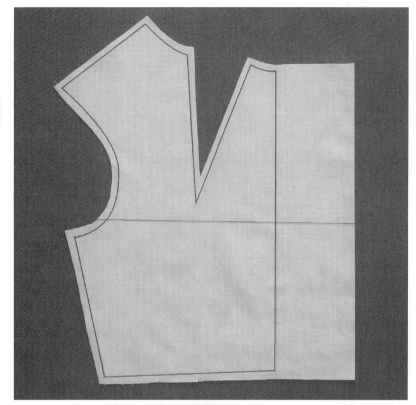

▲ 图2-54

▲ 图2-55

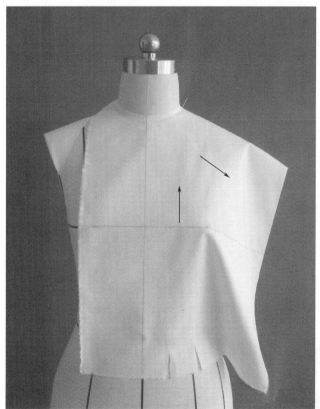

▲ 图2-56

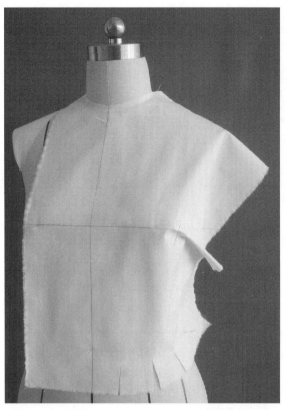

▲ 图2-57

② 从侧缝向前轻推，在胸围线上加放2.5cm的松量。腰部放1.5cm左右的松量，用大头针固定侧缝，同时在腰部打剪口使布与人台曲线复合。其余省量推向侧面胸围线。

以胸围线为省中心线，抓合省量，省尖方向指向BP点，并保持3cm左右的距离。注意要圆顺地收到省尖，表面不可产生尖角。

轻拉衣片侧边，形成箱型衣身。观察外形及松量，在腰围线侧缝处固定，腰围缝份根据情况打剪口。剪去肩线、袖窿及侧缝余布（见图2-57）。

③ 沿净份作出点影，取下修正板型，用折叠针法直接进行省的别合，并完成与后片的成型别合操作（见图2-58）。

④ 最后将调整好的衣片取下，点影、修正和描图（见图2-59）。

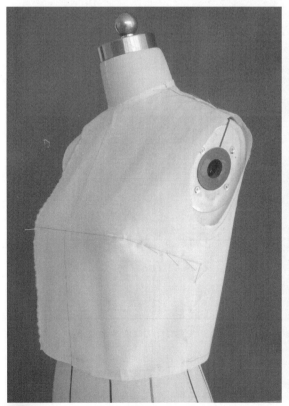

▲ 图2-58

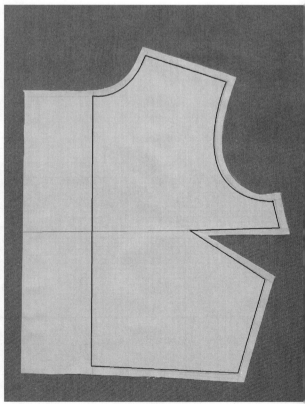

▲ 图2-59

四、衣身原型省道的变化设计

胸省的变化是服装衣身设计变化的重点，设计师往往通过省道在不同部位中的表现和组合，完成结构分割和造型设计。在此重点介绍前衣身操作，后衣身只作辅助操作。人台基准线的标定参考衣身原型的操作方法。

图2-60 ▶

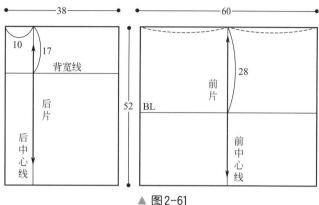

▲ 图2-61

1. 胸沟省设计

此款设计是将胸腰省量转移到前中心BP点之间，中心线处做收省处理，使腰部收紧，胸部与人台复合。余量可作为缝份收进或设计为搭门（见图2-60）。

（1）坯布准备（见图2-61）

（2）别合

① 前片的中心线、胸围线与人台对应的基准线对准，在前颈点下方和BP点处用大头针固定，剪出领围线。在侧颈点固定，顺势找出肩线，在肩端点固定（见图2-62）。

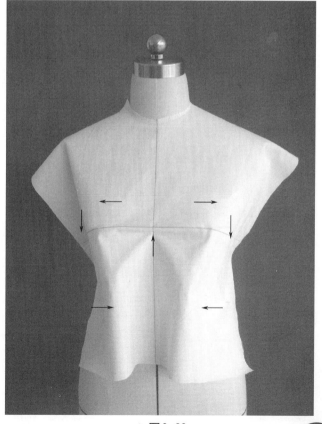

▲ 图2-62

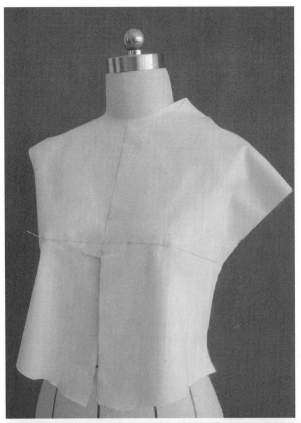

胸围以上抚平，多余的量向下推向前中心，此时的胸围线向下移动。前胸宽加入一定的松量，在侧缝固定，顺势向下在腰围线上固定大头针。将胸腰部多余量推向中心。

② 沿前中心线自下而上剪开，并向上在胸围线附近捏出横向省，找出省尖位置，并剪开省道（不能剪到省尖）。注意保持省道两侧对称（见图2-63）。

③ 别合好横向省道。在腰部留出一定的松量，将左右多余的部分沿前中心线用重叠针法别合。调整后剪去多余的量（见图2-64）。

④ 用折叠针法直接将中心省别合，剪掉腰部的余布，观察衣身的松量和造型，不断地调整。修剪肩部和袖窿多余的布，与后片别合成型（见图2-65）。

◀ 图2-63

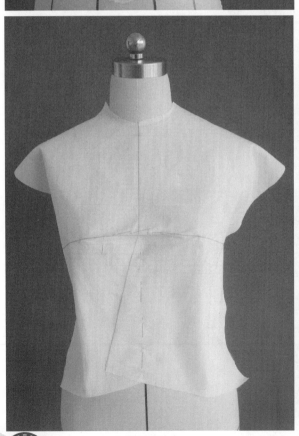

▲ 图2-64

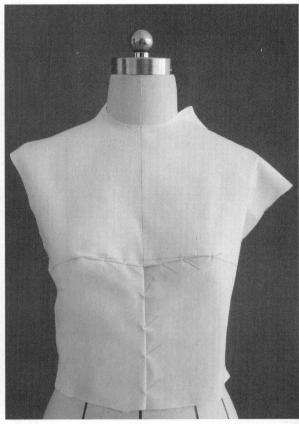

▲ 图2-65

⑤ 画点影作标记、衣片的修正及描图
（见图2-66）。

⑥ 完成效果见图2-67。

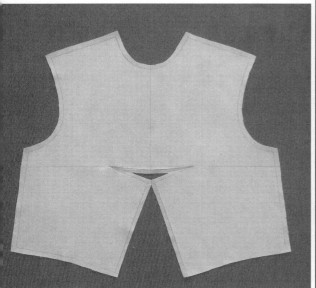

▲ 图2-66

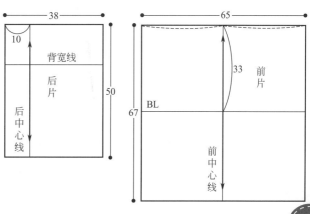

▲ 图2-67

2. 中心省的加量设计

此款不对称设计操作，是将胸省转移到前中心，在省的转移过程中加入部分设计量，既满足了分散取省的设计需要，又起到了装饰的作用（见图2-68）。

（1）坯布准备（见图2-69）

（2）别合

① 胸围线以下的前片中心线与人台中心线对准，在两

▲ 图2-68

▲ 图2-69

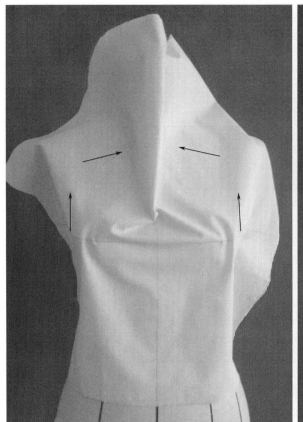

▲ 图 2-70

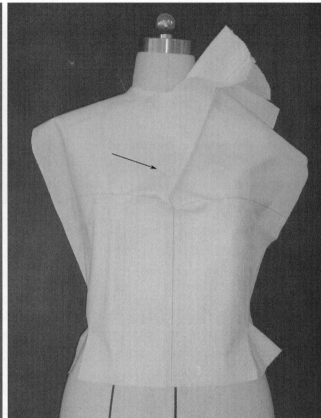

▲ 图 2-71

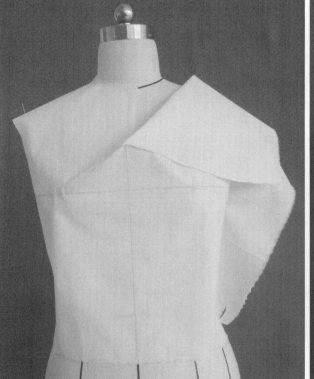

▲ 图 2-72

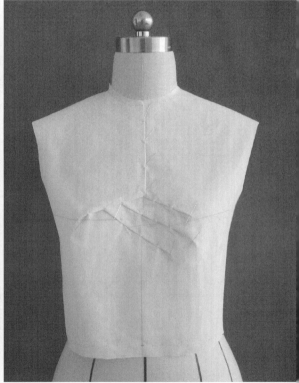

▲ 图 2-73

BP点用大头针固定，腰部保留一定的松量。将胸腰部省量转向领部中心线，胸宽处保留松量，在侧缝固定。腰部打剪口（见图2-70）。

② 将捏起来的省量倒向左侧，在右片沿人台中心线设定分割线，在箭头处转折，省尖指向BP点的位置（见图2-71）。

③ 留1cm缝份，沿分割线剪开衣片，左片的省量全部转移到前中心位置。将右衣身的侧缝、领部和肩部多余的布剪掉（见图2-72）。

④ 在分割线上设定三个省位，省尖自然消失在左片胸下部。用折叠针法对中心线和三个省道进行成型别合。剪去腰部、侧缝及肩部、袖窿多余的布，与后片别合完成（见图2-73）。

⑤ 画点影作标记，完成对衣片的修正（见图2-74）。

（3）拓板

通过立体裁剪操作所得到的板型，虽然经过成衣别合或缝合的验证，但如果作为工业生产的样板尚需进行调整，调整的内容有缝份量的大小、折边的放份、对位的剪口、扣位、兜口位、经纬纱向线及胸围线、腰围线、臀围线等。此步骤是为了得到工业生产所用板型。板型可以是净板，也可以是毛板。

首先整烫立体裁剪后的各衣片，将透明硫酸纸覆盖于衣片上，然后根据需要拓出净板或毛板（见图2-75）。

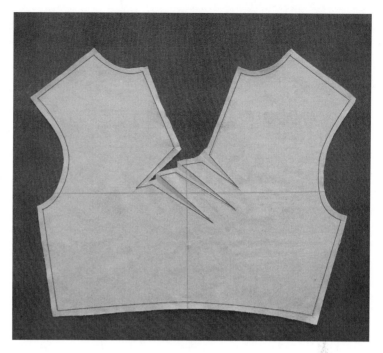

▲ 图2-74

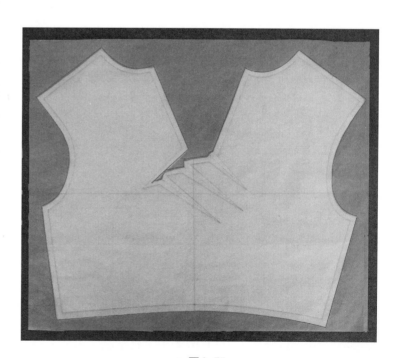

▲ 图2-75

为了使其板型更加准确，我们可以依据平面裁剪的经验对其进行修正，比如对领宽、领深、袖窿等部位的曲度进行修改（见图2-76）。

然后在其基础上加放所需要的缝份量，同时要将各片上的胸围线、臀围线、腰节及对位记号点进行标注（见图2-77）。

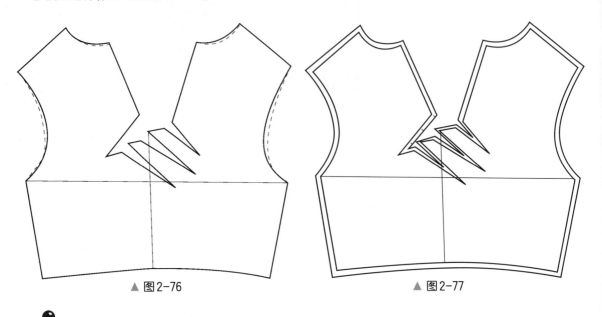

▲ 图2-76   ▲ 图2-77

3. 领省设计

此款设计是将胸腰省转移到前领口，并在分割线上设计了立领，在省的转移过程中加入部分设计量，产生的余量能够形成胸部荡褶的设计，立体感和装饰性较强。在运用此款进行实际服装制作时可采用柔软度较好的面料，其效果会更好（见图2-78）。

（1）坯布准备（见图2-79）

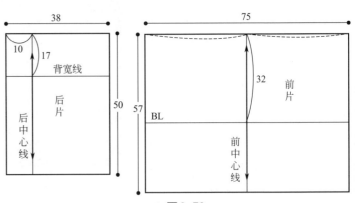

▲ 图2-78   ▲ 图2-79

（2）别合

① 将胸围线以下的前衣身中心线与人台中心线对准，在胸前和BP点用大头针固定，同时在腰围处保留一定的松量，腰节以下打剪口。胸宽处保留松量，将胸腰部省量转向领部设定分割线的位置，此时，衣身胸围线上抬（见图2-80）。

② 颈部保留一指的松度，将分割线指向BP点周围，形成领口省，保留1.5cm的缝份，剪开领口省的分割线。

对称剪出另一侧分割线。

清理领部和肩部。将胸围以上多余的布做荡褶领造型，在领口省的分割线处调整褶量位置和大小，用折叠针法做成型别合。用大头针或线标示出褶背的位置。整理好腰线（见图2-81和图2-82）。

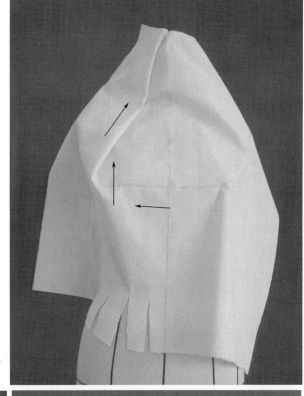

图2-80 ▶

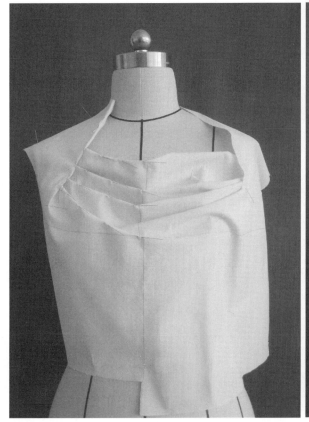

▲ 图2-81

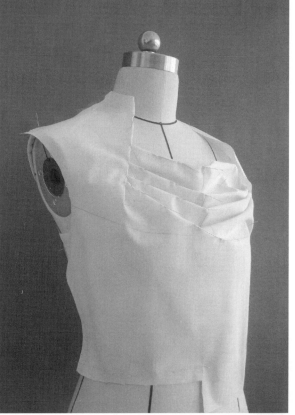

▲ 图2-82

③ 放好后片，肩部、侧缝用折叠针法别合成型，用同样的手法对另一半作对称操作（或画点影线后进行对称复片，再进行成型别合）。与后片别合完成最终效果（见图 2-83）。

④ 衣片的修正和描图，见图 2-84。

4. 胸腰省设计

此款设计将前片胸省转移到前中心，衣身左右省道在胸腰间交叉，并消失于侧缝与腰围线的交点，腰部所含的胸省量留在分割线中，具有很强的装饰性和视觉引导性（见图 2-85）。

（1）坯布准备（见图 2-86）

（2）别合

① 衣片的前衣身中心线、胸围线与人台对应的基准线对准，胸部铺平，在前颈点下和BP点处用大头针固定，留出松量，将多余的量向分割线转移，

▲ 图 2-83

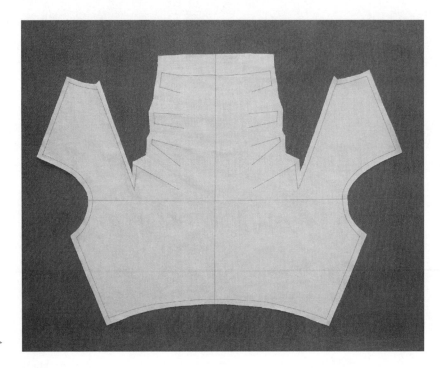

图 2-84 ▶

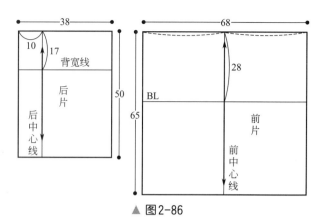

▲ 图2-86

在对侧固定（见图2-87）。

　②用针在侧缝固定，沿分割线保留1.5cm剪开，同时整理好左右交叉省道的分割线位置，左右保持对称，剪口距离BP点不能太近，容易出现尖角。在腰围线以下打剪口，保留一定的松量，腰侧用大头针固定。

　保留1cm缝份，整理领围线、肩线（见图2-88）。

▲ 图2-85

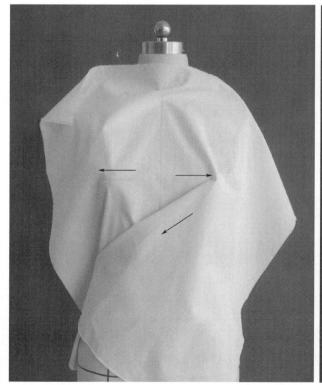

▲ 图2-87

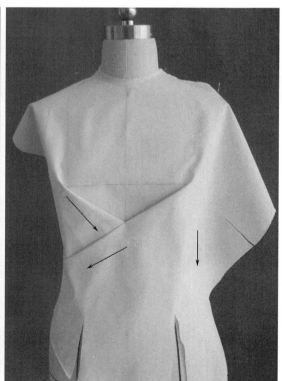

▲ 图2-88

③ 将交叉省道以下多余的布剪掉，用折叠针法别合。进一步观察肩线、侧缝线是否平直，整理后与后片别合成型。剪掉肩部和袖窿多余的量，保留1cm缝份（见图2-89）。

④ 画点影作标记、衣片的修正及描图见图2-90。

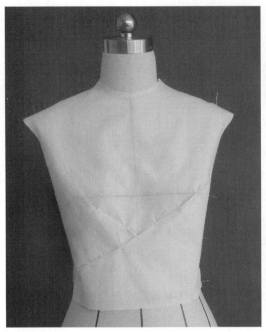

▲ 图2-89

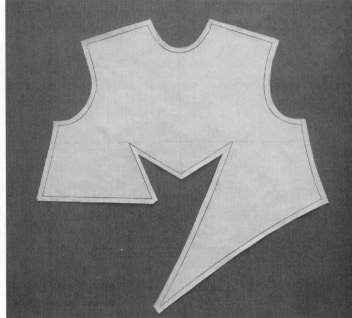

▲ 图2-90

 技能训练题

1. 用正确的别合手法完成紧身衣的基础操作步骤，掌握别合、成型及描图的方法。

2. 熟练完成衣身原型不同位置的省道转移操作，掌握单个省道和组合省道的转移方法。

3. 灵活运用衣身省道变化，完成对衣身原型的结构设计和造型设计操作。

第三章　服装立体裁剪实用篇

学习目标

　　本章主要介绍服装的基础款式，如裙子、衬衫、外套、风衣和大衣等款型的立体造型操作。要求学生能够准确地把握各种类型服装的操作方法和空间加放量，掌握不同种类的领型、袖型的立体裁剪技巧。

第一节 裙　子

一 直身裙

1. 款式描述

此款为腰部合体、臀部有一定松量的裙型，在前后腰部各设4个省量，臀围以下成直筒形，后中心底摆留有开衩（见图3-1）。

2. 坯布准备（见图3-2）

3. 别合

① 将裙片前中心线、臀围线与人台上的基准线对准，在臀围线上加入1.5cm松量，用大头针固定。

侧缝处臀围线以上平抚到腰节，并与腰部贴合。在腰部打剪口，将多余的量分成两个省道，腰部、腹部保留一定的松量，用抓合针法别合。注意省道的间隔、长度、位置和省尖的指向（见图3-3）。

② 后裙片的操作方法与前裙片一样，臀部加放松量，用大头针固定，并在臀围线上打剪口（见图3-4）。

③ 用抓合针法别合侧缝。沿臀围线以上的曲线抓合前后片，臀围线以下垂直抓合，修剪侧缝缝份（见图3-5和图3-6）。

▲ 图3-1

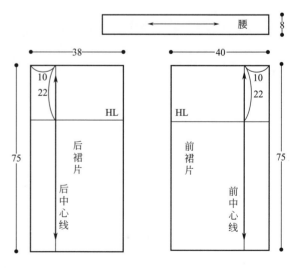

图3-2 ▶

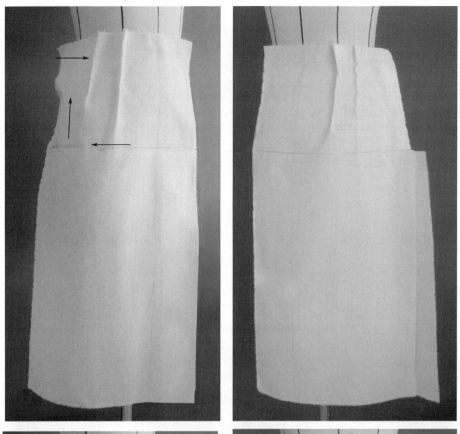

图 3-3 ▶

◀ 图 3-4

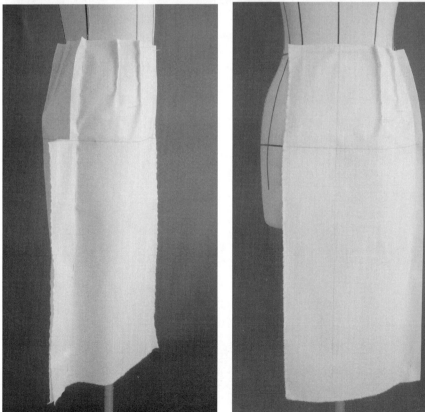

图 3-5 ▶

◀ 图 3-6

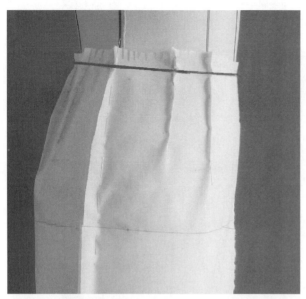

④ 整理侧缝缝份，确认整体造型，做出省道、侧缝的点影并标注必要的对合记号。贴出腰节的标志线（见图3-7）。

◀图3-7

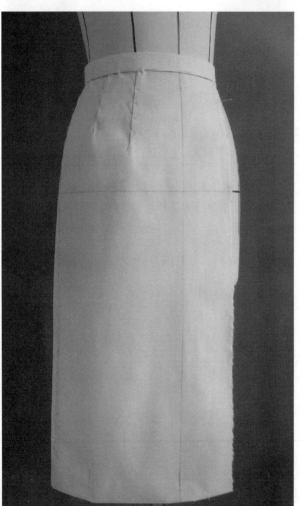

⑤ 以臀围为参考线量取裙长。确定后开衩的长度。

从人台上取下裙子，拔下大头针，进行修整。将省缝向中心折倒，底边折好，用折合针法对裙片进行成型别合。

将成型后的裙子穿在人台上，把折好的腰头装上（见图3-8和图3-9）。

◀图3-8

⑥ 将前片复制成整片，然后成型别合，进一步观察和修整松量、造型及丝缕（见图3-10~图3-12）。

⑦ 裙片平面展开图见图3-13。

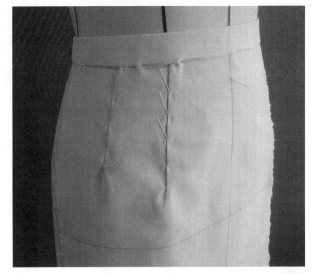

▲ 图3-9

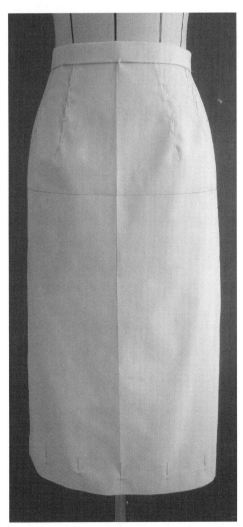

▲ 图3-10

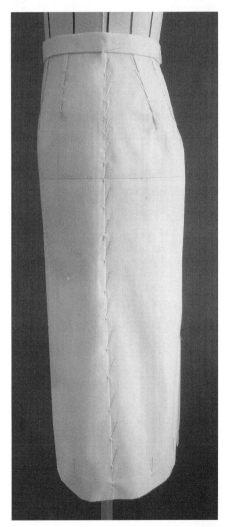

▲ 图3-11

▲ 图3-12

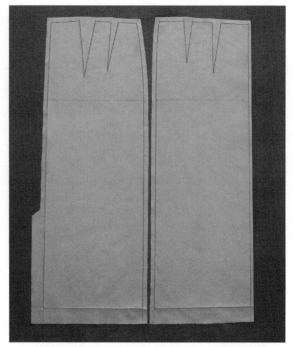

▲ 图3-13

二　育克裙

1. 款式描述

　　此款低腰裙的特点是：无腰头。前片设计了育克，中心有大的对开褶裥。后裙片为单片，腰部设有两个省量。外形呈A形（见图3-14）。

图3-14 ▶

2. 坯布准备（见图3-15）

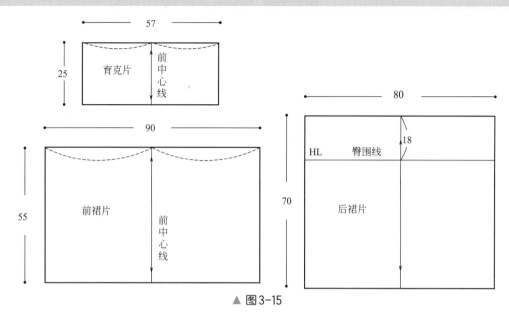

▲ 图3-15

3. 别合

① 在人台中腰平行于腰围线处，用粘带贴出裙子前后的腰围线，并根据款式的需要，在人台相对应的部位贴出育克线（见图3-16和图3-17）。

② 育克片上的中心线与人台的中心线对准，在前中心线固定上、下两点，向两侧平抚，留出松量，同时将腰省的部分转到育克线下。用大头针固定两侧（见图3-18）。

③ 用粘带贴出腰围线和育克分割线，保留少量松量（见图3-19）。

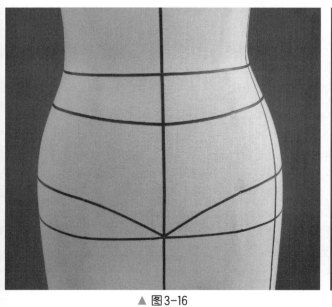

▲ 图3-16

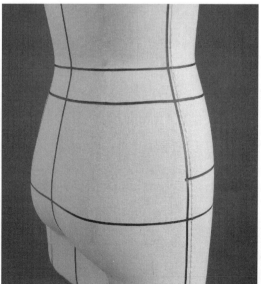

▲ 图3-17

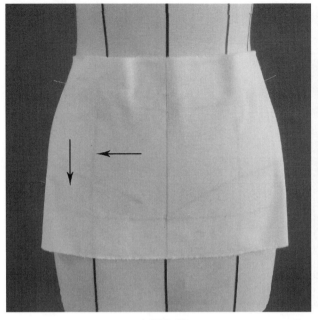

▲ 图3-18

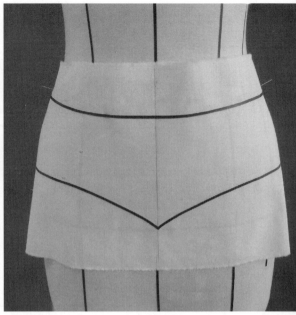

▲ 图3-19

④ 保留1.5 cm缝份，剪去腰部、侧缝及育克线多余的布。对称做出另一半，或复片完成（见图3-20）。

⑤ 将裙前片中心线与人台的中心线对准，对称地做出对折褶裥，用针固定中心点，臀围放出一定的松量，侧面固定，与育克侧缝线顺延斜下，摆量要适中。用粘带重复贴

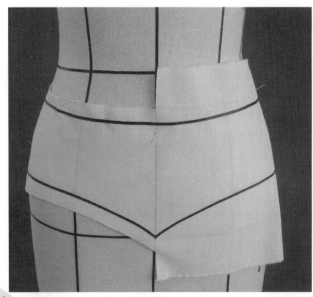

▲ 图3-20

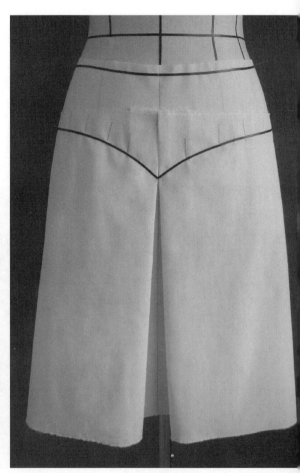

▲ 图3-21

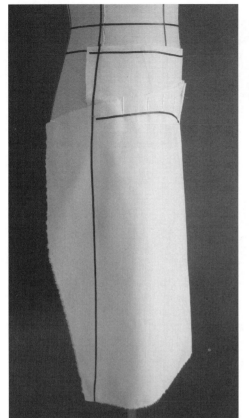

图3-22 ▶

▲ 图3-23

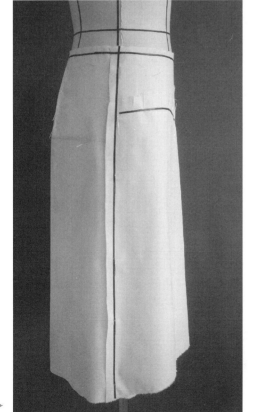

图3-24 ▶

出前裙片育克线，并用重叠针法别合裙片，然后剪去多余的布（见图3-21）。

可以用同样的操作方法对称操作另一侧裙片（也可以操作半身后，复片完成另一半更准确）。

⑥ 进一步确定育克片和裙片在臀围处的放松量，边观察边贴出侧缝线（见图3-22）。

⑦ 后裙片与人台的中心线、臀围线对准，在中心线、腰围及臀围线上用大头针固定，在公主线附近抓合出腰臀省道，并留有少量的松量（见图3-23）。

⑧ 将腰部多余的布剪掉，省道倒向后中心。将前侧缝叠压在后侧缝线上，确定裙摆的斜度，用重叠针法沿着侧缝线固定（见图3-24）。

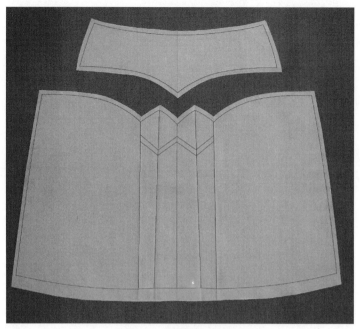

⑨ 观察整体造型并做调整。画点影线及对合记号。取下衣身，拔掉固定的大头针进行修正，完成描图（见图3-25和图3-26）。

▲ 图3-25

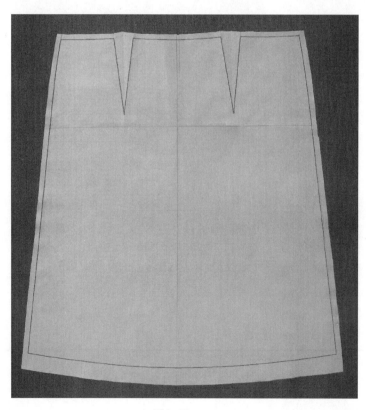

▲ 图3-26

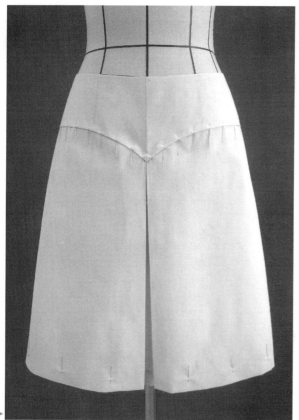

图3-27 ▶

▲ 图3-28

⑩ 用折合针法进行成型别合，见图3-27~图3-29。

◀ 图3-29

三、波浪斜裙

1. 款式描述

此裙特点是前、后裙片中心线为斜线，腰部无省量，在裙侧自臀部至裙摆前后各形成四个较大的自然波浪。开口设在侧面（见图3-30）。

2. 坯布准备（见图3-31）

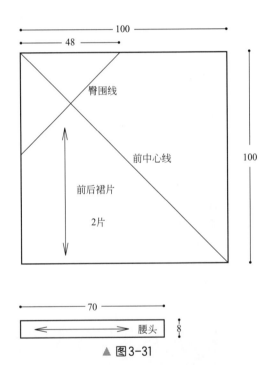

▲ 图3-30

▲ 图3-31

3. 别合

① 在人台上贴出波浪下垂位置点。将前片的中心线、臀围线与人台对应的基准线对准，固定前中心线和臀部。剪掉前中心腰节线以上的布料（见图3-32）。

② 将腰线上的前中心线到公主线之间的布向下铺平顺，同时对腰围线修剪，从标记点位置自上而下调整波浪幅度，在出现自然的褶浪后用大头针临时固定（见图3-33）。

③ 重复以上的步骤，将腰线继续下放推平顺，完成侧面的褶浪。可以用同样的操作方法，以中心线为对称轴操作另一半，也可以完成半身后做出更准确的复片（见图3-34）。

④ 用同样的操作方法完成后片的操作（见图3-35）。

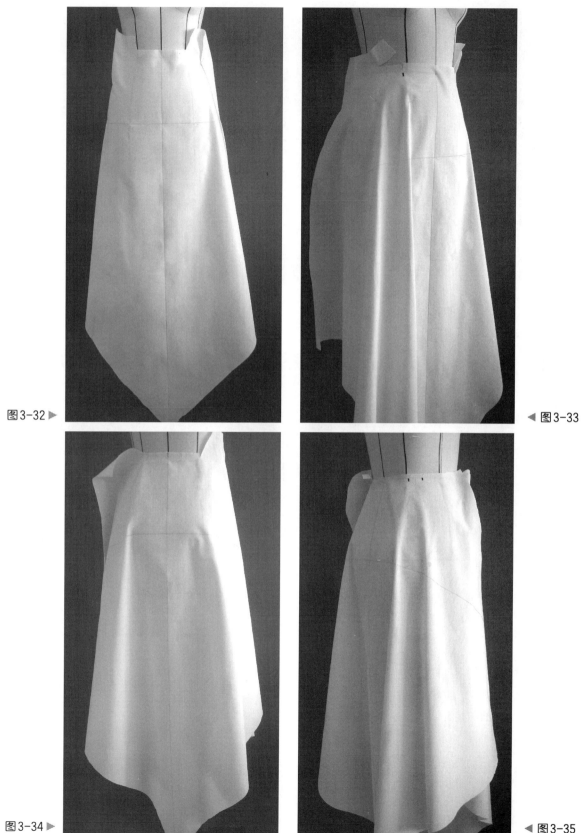

图 3-32 ▶

◀ 图 3-33

图 3-34 ▶

◀ 图 3-35

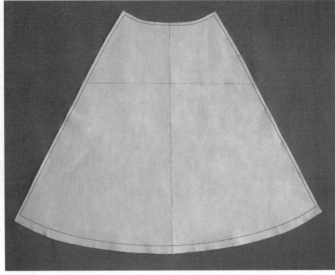

▲ 图3-38

◀ 图3-36

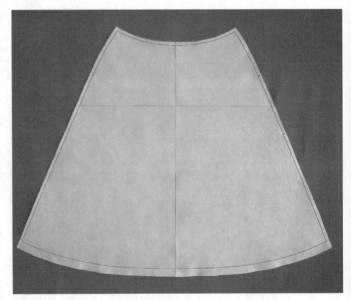

▲ 图3-39

⑤ 观察侧缝线的斜度，用重叠针法沿着侧缝线固定。确定侧缝线后用粘带贴出，保留2cm的缝份，剪去多余的布（见图3-36和图3-37）。

⑥ 画点影线及对合记号。取下裙子拔掉大头针进行平面展开修正（见图3-38和图3-39）。

⑦ 完成描图然后装好腰头。用折合针法别合成型（见图3-40~图3-42）。

▲ 图3-37

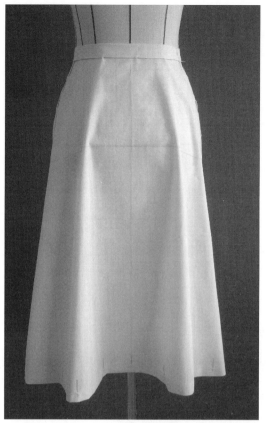

▲ 图3-40

图3-41 ▲

◀ 图3-42

第二节　女装上衣

 合体明门襟衬衫

 1. 款式描述

此款合体衬衫，强调了腰型的曲线，衣身设计了育克、明门襟，搭门处加入了自由褶（见图3-43）。

2. 坯布准备（见图3-44）

3. 别合

① 在人台上标注育克造型线、门襟宽度、胸前抽褶位置及下摆造型线（见图3-45和图3-46）。

② 将育克的中心线与人台的中

▲ 图3-43

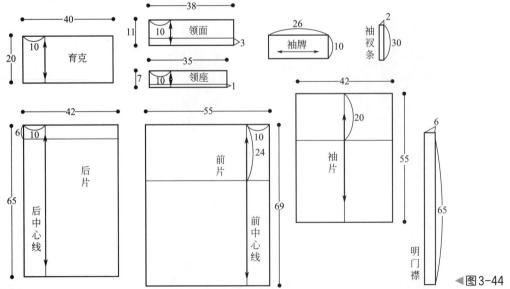

◀ 图3-44

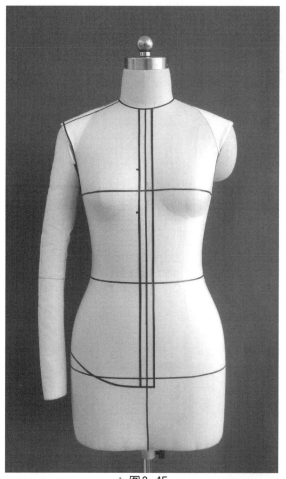

▲ 图3-45

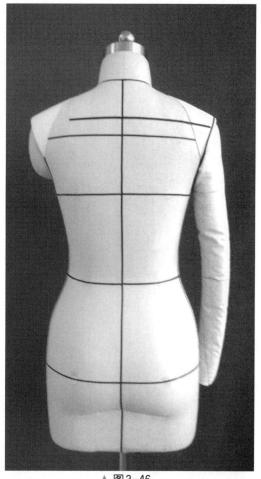

▲ 图3-46

心线对准，背宽线水平对准，固定后颈点下方。

在后领中心处打剪口，从背宽线向侧颈点方向轻推，整理后领围线，剪去余布，打剪口使其服帖，固定侧颈点。贴出后育克位置线（见图3-47）。

③ 在侧颈点附近的领围处加入一定松量，防止因为肩线处没有分割而引起皱褶，打剪口，整理。贴出肩

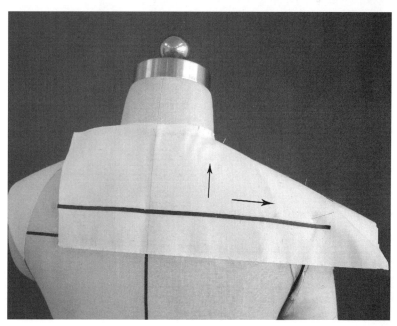

▲ 图3-47

▲ 图3-48

线和前育克线（见图3-48）。

④ 前片的前中心线、胸围线对准人台的前中心线和胸围线，固定前颈点下方及BP点上方。从胸围线向上、向肩线平抚布片，使衣片与人台前胸位置贴合，同时确认纱向不变。沿领围线剪去余布，打剪口并整理。固定侧颈点及肩部。

水平推出胸围需要的松量，然后固定。留

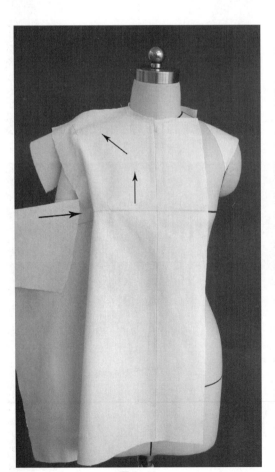

▲ 图3-49

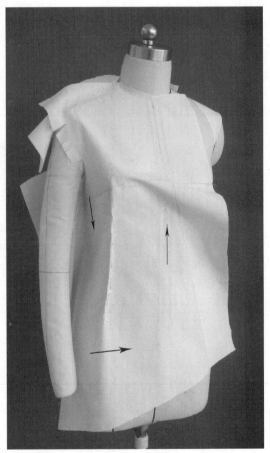

▲ 图3-50

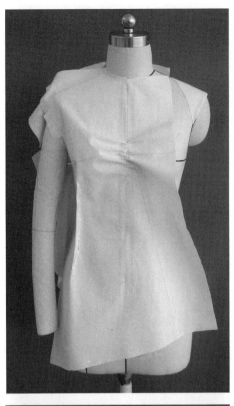

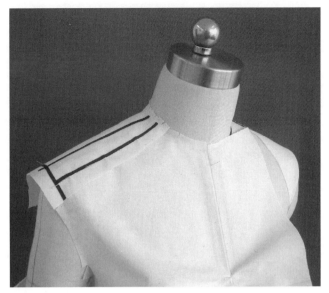

▲ 图3-52

◀ 图3-51

◀ 图3-53

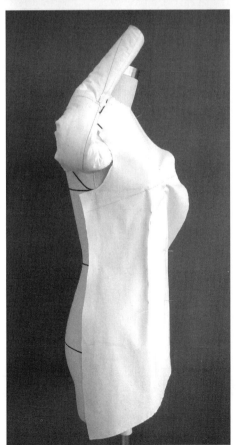

调整量向下剪开袖窿。当实际面料较薄或垂性较大时此步操作可以反向操作，即将胸围以下前中心线对准之后，多余量移向胸围线的上方前中心线处，抽褶后重新找好前中心线位置，注意同时观察袖窿线的形状（见图3-49）。

⑤ 袖窿处打剪口，将布片转向身后，沿侧缝向下使布片与人台腰臀部形状吻合，在侧缝固定，产生的余量分为腰省和胸前中心褶两部分。臀围处留出松量，余下沿前中心线向上推至胸前捏褶处，形成褶量。

此时衣片形成前、侧两个面构成的箱型，在面的转折处抓合成腰省（见图3-50）。

⑥ 用手针沿前中心线抽缩胸前的褶，整理褶型（见图3-51）。

⑦ 将衣片肩部放在育克布片下，用重叠针法别合，确定落肩量，贴出肩头部分的袖窿弧线。

剪去育克布片、袖窿、侧缝的余布（见图3-52和图3-53）。

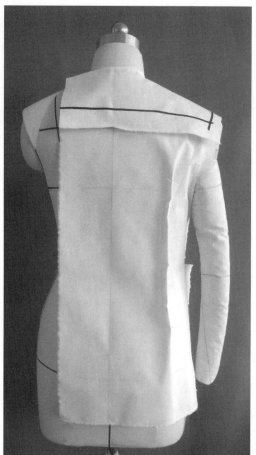

图3-54 ▶

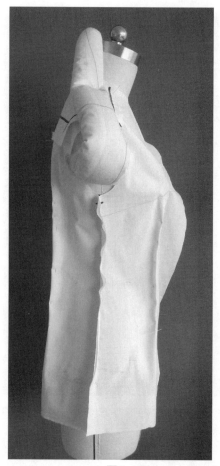

▲ 图3-55

⑧ 将后片上的后中心线对准人台后中心线，胸围线保持水平，衣片上部放入育克布片下，确认衣片与人台的背宽线重合，在后中心线处固定，重叠针法别合育克和后片。

同前片一样，剪出后袖窿形，将衣片转向前面，做出箱型衣身，找出后背省道的位置、大小和方向，用抓合针法别合省道（见图3-54）。

⑨ 从侧面观察衣身的形状，确认胸部、腰部和臀部的松量，抓合侧缝，在袖窿底做出标记（见图3-55）。

⑩ 整理育克造型，按标注的前、后育克线将缝份折入，用折合针法别合，为上领做准备（见图3-56）。

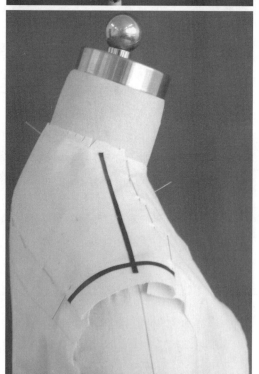

▲ 图3-56

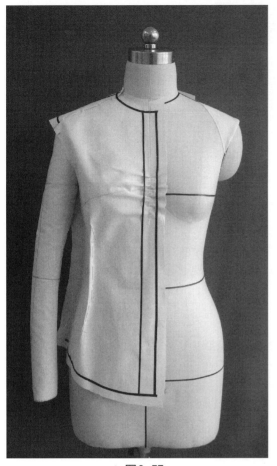

▲ 图3-57

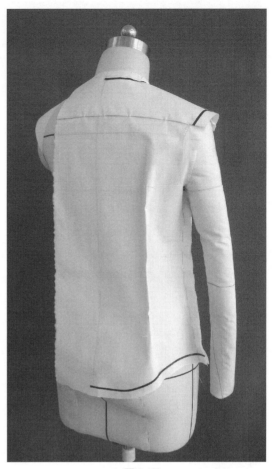

▲ 图3-58

⑪ 找出领围线，将明门襟及下摆线用粘带贴出（见图3-57和图3-58）。

⑫ 将底领的中心线与后片中心线对准，在后领围中心处用重叠针法水平固定，在距中心线约2.5cm保持水平别合。用手指控制领片和颈部的空间与角度，沿后颈围向前将底领别合在领围线上，直至侧颈点。缝份打剪口，使转折处服帖圆顺（见图3-59）。

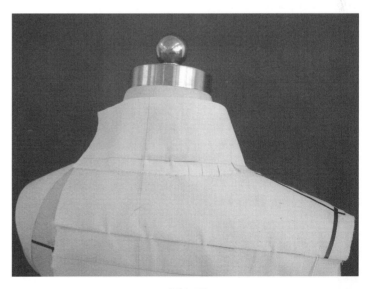

▲ 图3-59

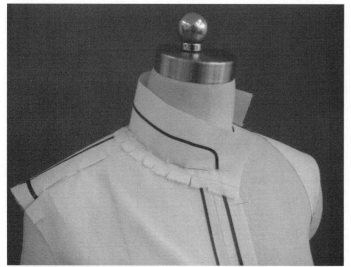

⑬ 保证领片与颈部约一指宽的空间松量，沿领围线继续向前边转边打剪口，别合领片和衣片，确定底领的装领线。定好领座宽，贴出造型，剪去余布（见图3-60）。

◀ 图3-60

⑭ 将翻领的后中心线与底领的后中心线对齐，翻领装领线水平对准底领的后领宽标志线，并用重叠针法固定，直至侧颈点上方（见图3-61）。

◀ 图3-61

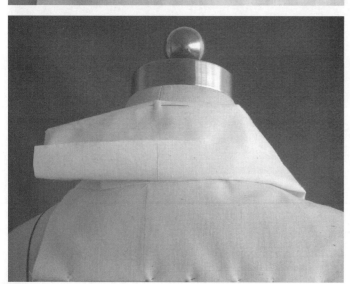

⑮ 在后中心位置确定翻领的宽度，用大头针水平暂时别合。将翻领缝份向上翻折，可以使向前转领片的过程更加顺利（见图3-62）。

◀ 图3-62

⑯ 一边向前找领型，一边在翻领外侧缝份打剪口，使领片顺利转至前面。将领片翻起，在装领线缝份打剪口，用重叠法别合装领线（见图3-63和图3-64）。

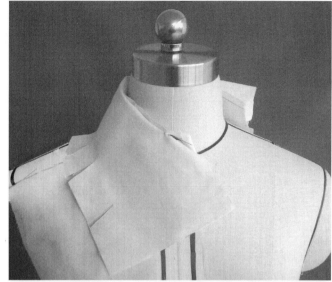

图3-63 ▶

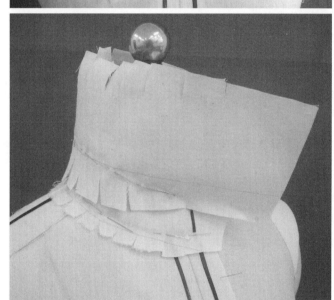

图3-64 ▶

⑰ 整理领型，用粘带贴出领面造型，留缝份后剪去余布。做好翻领、底领和领围线的对位记号（见图3-65）。

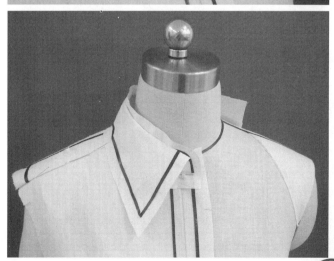

图3-65 ▶

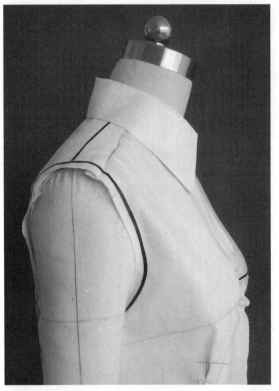

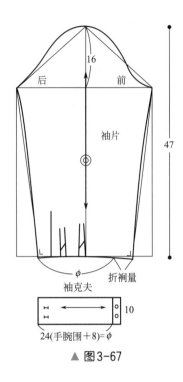

▲ 图3-67

◀图3-66

⑱ 重新用折合法别合侧缝和前后省道。整理翻领和底领，缝份扣净，对合翻领与底领，再将整个领子别合在衣身的领围线上。

用粘带贴出袖窿线（见图3-66）。

⑲ 袖子采用平面制板，将袖板复制到袖片上进行别合（见图3-67）。

袖克夫整熨好，先别好袖口处的褶量，袖缝处前压后用折合法别合。确定袖衩位置及长度，剪开，别合袖身与袖克夫（见图3-68和图3-69）。

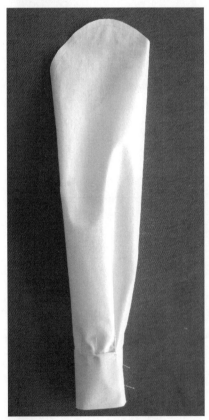

▲ 图3-68

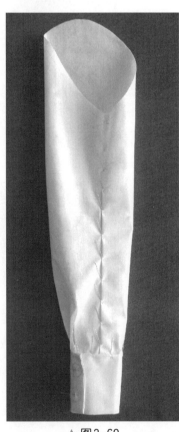

▲ 图3-69

⑳ 装袖时先将手臂抬起固定，袖底点与衣身袖窿底点对合并固定，然后将布手臂放入袖筒，抬起一定角度，保证袖的活动量，确认前腋点、后腋点和袖山处与袖的别合点。用藏针法别合袖与衣身，适当分配吃量（见图3-70）。

㉑ 观察并整理完成的袖型（见图3-71和图3-72）。

㉒ 重新整理衣身，将明门襟折好，别合在衣身上，通过观察与测量结合的方法确定扣位并做以标注。

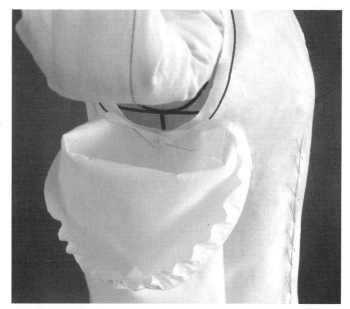

▲ 图3-70

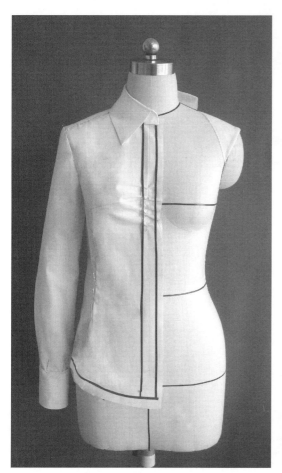

▲ 图3-71

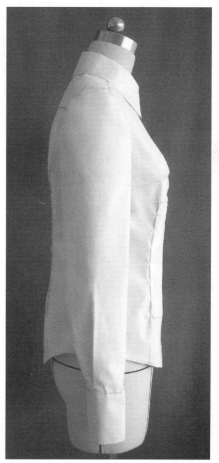

▲ 图3-72

观察整体造型、衣身和袖型等是否形态优美和连接顺畅，是否达到设计款式要求，并做进一步修正（见图3-73）。

㉓ 衬衫平面展开图见图3-74~图3-76。

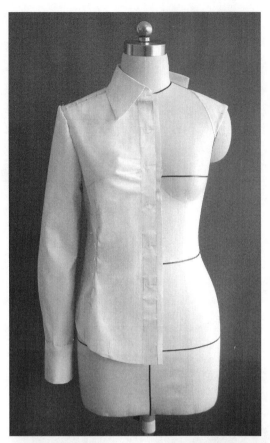

◀图3-73

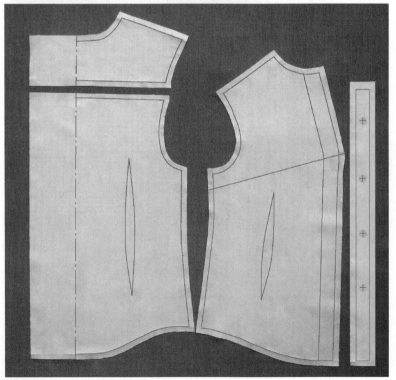

◀图3-74

㉔ 调板：在立体裁剪时往往以标准人台为表现对象，完成对服装造型的操作，而个体人与标准人台相比较还存在差异。要完成针对个体人的合体订制，还需要对立体裁剪之后的板型尺寸根据体型特点进行调节。下面仅以衬衫为例对调板的方法作简单介绍。

增加围度量的方法如下。

a. 确定增加量的部位，可按照图示所标注的序号顺序，依次将纸板剪开，加入放量（见图3-77）。

b. 衣身胸围调整量小于4cm时，按每片围度所占胸围的比例数加放调整量，可以只将序号1部位剪开，然后连顺结构线（见图3-78）。

c. 当衣身胸围调整量在5~8cm时，可以同时将序号1、2、3部位剪开加放调整量。依此类推，衣身胸围调整量在10cm左右时，将序号1、2、3、4部位

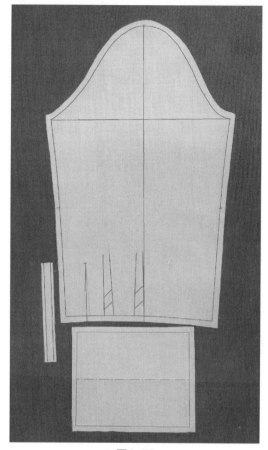

▲ 图3-75

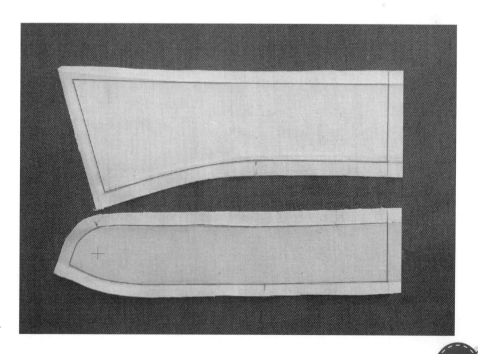

图3-76 ▶

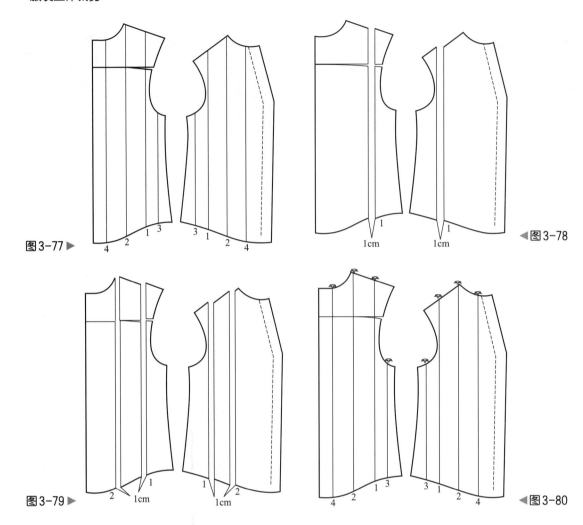

图3-77 ▶   ◀图3-78

图3-79 ▶   ◀图3-80

依次拉开加放调整量，然后连顺板型结构线（见图3-79）。

减少围度量的方法如下。

同增加量的部位一样，按照图示所标注的序号顺序，将纸板剪开，依次减少围度量（见图3-80）。

超过10cm以上加减量的调整，服装款型会产生比例变形，需要重新对板型各个部位尺寸进行确认。

增、减衣长的方法如下。

同增、减围度量的方法一样，按照图示所标注的序号顺序，将纸板横向剪开，加入、减去放量。最后连顺板型结构线（见图3-81和图3-82）。

在进行板型的调整中不只是单方向地加放和缩短，有时需要横向和纵向同时进行。

袖子的加、减量调整方法如下。

a. 袖子的横向切开处可设在肘部和其上、下两部分，纵向分割可设在袖中线上。其中袖肘部可加放1~2cm，其他横向可加放0.5cm。同样可根据袖子的肥度拉开袖中线加入需要的量（见图3-83~图3-86）。

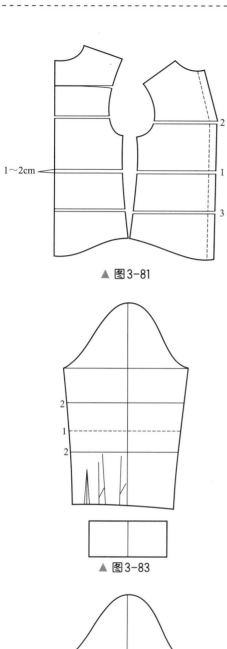

1~2cm

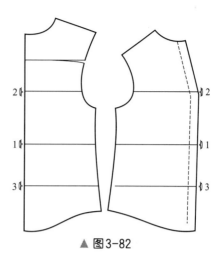

▲ 图3-81

▲ 图3-82

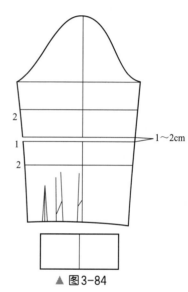

1~2cm

▲ 图3-83

▲ 图3-84

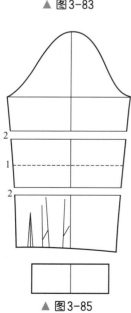

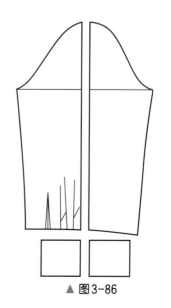

▲ 图3-85

▲ 图3-86

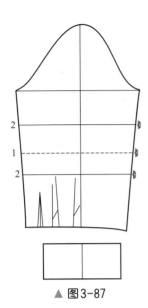

▲ 图3-87

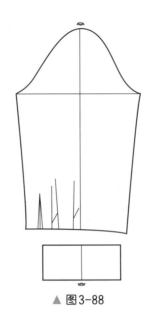

▲ 图3-88

b. 袖子减少量与增加量的部位、顺序和大小一致（见图3-87和图3-88）。

㉕衬衫完成图（见图3-89~图3-91）。

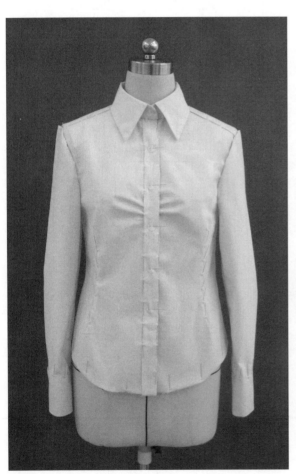

▲ 图3-89

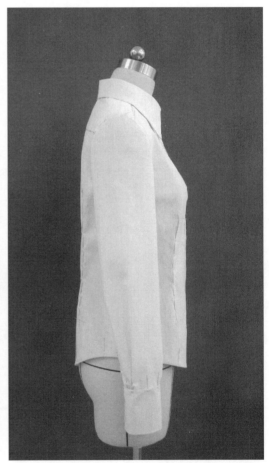

▲ 图3-90

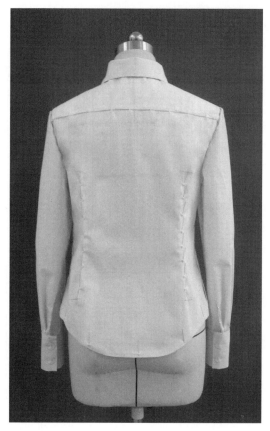

◀ 图3-91

二　三开身翻领上衣

1. 款式描述

　　此款外衣采用了三开身的结构，前侧分割线上设有胸省。翻领、圆摆，一片袖的肘部设有省道（见图3-92）。

▲ 图3-92

2. 坯布准备（见图3-93）

3. 别合

① 将0.8cm厚度的垫肩放置在人台上，从肩点向外作出0.8cm左右的冲肩量，作为款式松量。重新标出肩线与袖窿线。

在人台上标出搭门宽线、底摆线及侧片结构分割线，并重新设定领口线及腰节位置（见图3-94和图3-95）。

② 前片中心线、胸围线与人台的基准线对准，整理领围线。在胸围线处推进加放量，并用大头针固定（见图3-96）。

③ 顺着肩线将平，剪掉肩部多余的量，袖窿部保留2cm的调整量，其余的剪掉。

将袖窿处多余的量在胸围线处收省，用折合针法别合，省尖距离BP点3cm左右。

确保衣身的松量后，依据人台所标定的分割线保留2.5cm调整量，之后剪去多余的布。在衣片上贴出分割线（见图3-97和图3-98）。

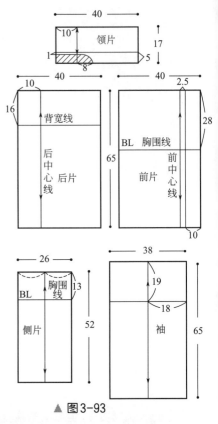

▲ 图3-93

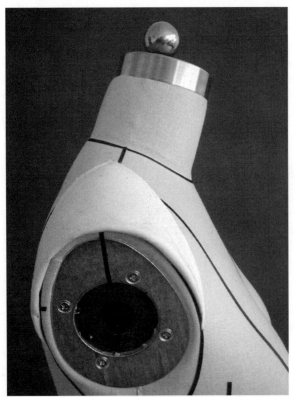

▲ 图3-94

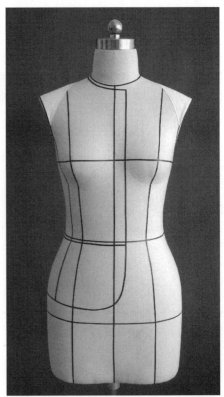

▲ 图3-95

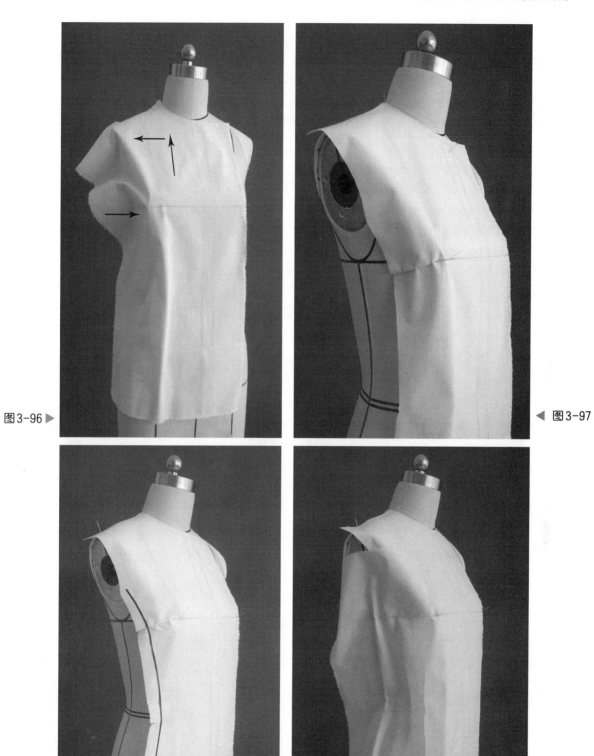

图3-96 ▶

◀ 图3-97

图3-98 ▶

◀ 图3-99

④ 将前片的标记线与人台的基准线吻合，固定。

侧片胸围线与人台基准线对准，保持垂直，在胸围线、腰围线处固定，沿人台的侧缝线自上而下抒出松量，并在松量两侧固定（见图3-99）。

⑤ 依据前片的分割线，用重叠针法将前、侧片别合起来，清理袖窿多余量。保留2.5cm调整量，剪去分割线多余部分。放开前身松量观察造型是否准确，并加以调整（见图3-100）。

⑥ 将侧片向前翻转临时固定。

将后片的中心线、背宽线与人台的基准线相吻合，腰部剪开，轻轻向下抒顺，后片中心线偏离人台中心线的量作为腰部的省道量。

在背宽处推出后片的松量，清理领口和肩部（见图3-101）。

⑦ 保持松量，贴出后衣片分割线，保留一定调整量，剪去余布（见图3-102）。

⑧ 水平对准胸围线，在胸围、腰围和臀围处加入适当松量，将侧面衣片与后片别合，注意观察前、后、侧片是否能构成面，分割线是否合适，进行调整（见图3-103）。

⑨ 将衣片点影，取下修整板型，整理前襟及下摆，重新用大头针别合（见图3-104~图3-106）。

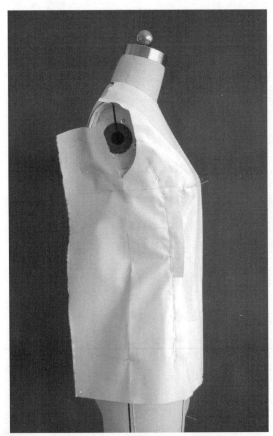

▲ 图3-100

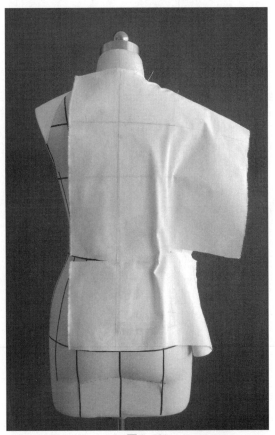

▲ 图3-101

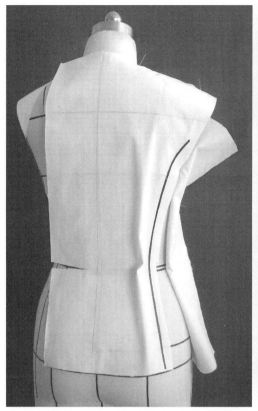

▲ 图 3-102

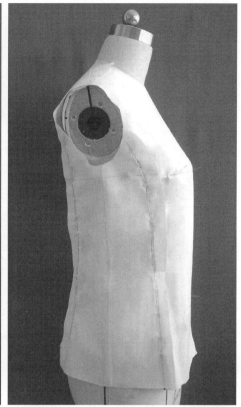

▲ 图 3-103

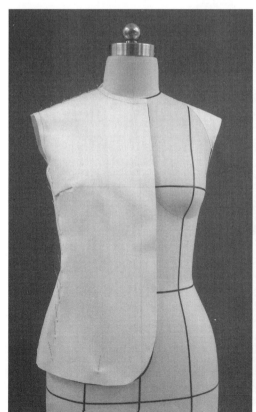

▲ 图 3-104

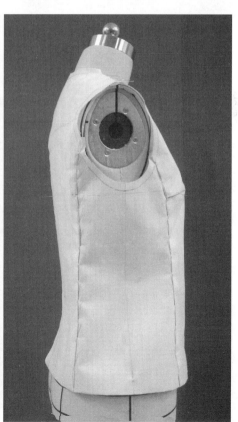

▲ 图 3-105

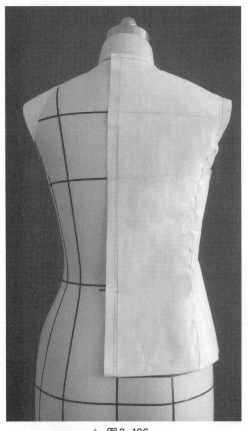

▲ 图3-106

⑩ 领的后中心线与后片中心线对准，从后颈点开始约2.5cm水平别合领和衣身，留1cm缝份，剪去多余的布（见图3-107）。

⑪ 一边打剪口一边用大头针固定，至侧颈点处，用手指控制领与颈部的空间。在后中心线处确定领宽(比领座宽1cm)，用大头针水平固定（见图3-108）。

⑫ 将领向前绕，打剪口并整理形状，确定领的造型。用粘带贴出领型。留1cm缝份，剪去余布（见图3-109和图3-110）。

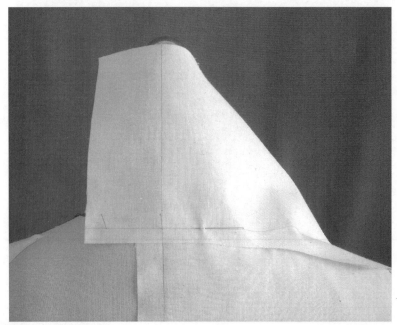

◀ 图3-107

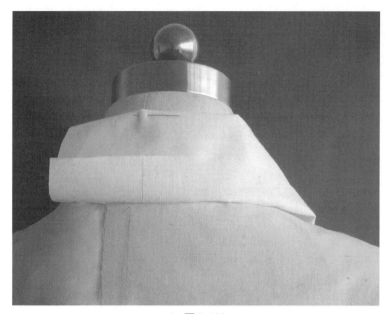

▲ 图3-108

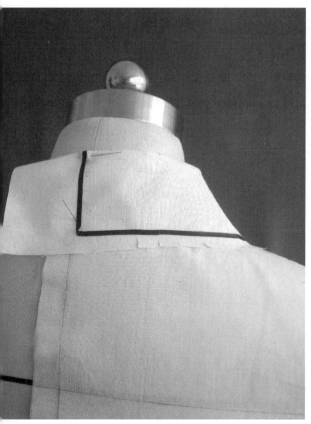

▲ 图3-109

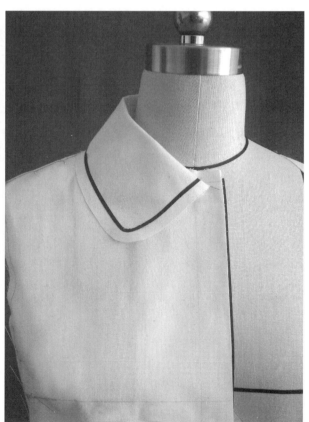

▲ 图3-110

◀ 图3-111

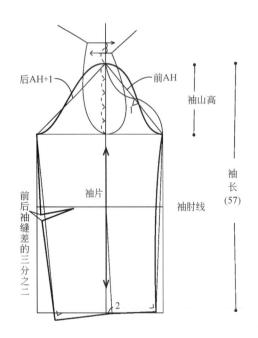

▲ 图3-112

⑬ 用大头针将领固定成型。

观察整体，确定扣位及大小（见图3-111）。

⑭ 根据衣身肩头及袖窿尺寸平面制图做出带袖肘省的一片袖片，用大头针将袖身别合成型（见图3-112~图3-114）。

⑮ 为了使袖山的造型更饱满圆顺，上袖之前要抽缩袖包，在袖山缝份外0.7cm用白棉线将袖山与袖窿长度的差量抽缩吃进（见图3-115）。

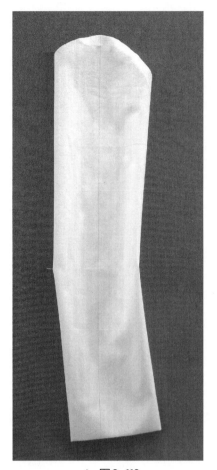

▲ 图3-113

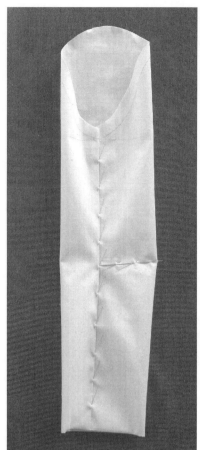

▲ 图3-114

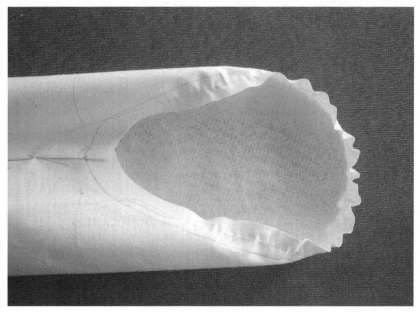

▲ 图3-115

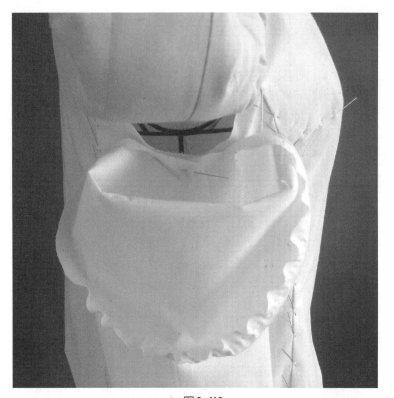

⑯ 布手臂抬起，将袖底与衣身袖窿底对合，在内侧用大头针别合（见图3-116）。

▲ 图3-116

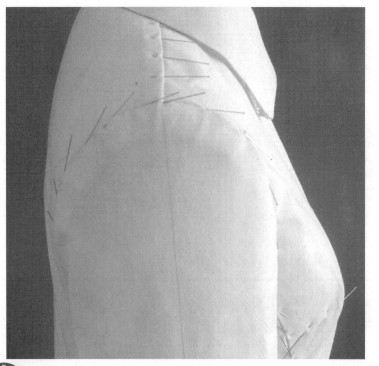

⑰ 将布手臂穿入袖中，保持约30°稍前倾角度，确定袖山、前后上袖点，用藏针法上袖，然后放下手臂，观察袖型及方向（见图3-117）。

▲ 图3-117

⑱ 上袖后的衣身见图3-118~图3-120。

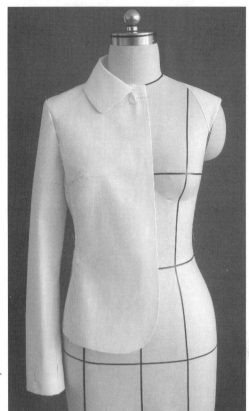

图3-118 ▶

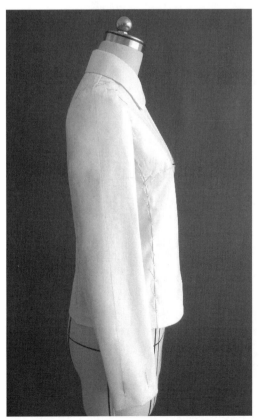

▲ 图3-119

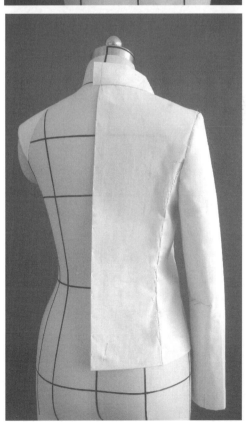

▲ 图3-120

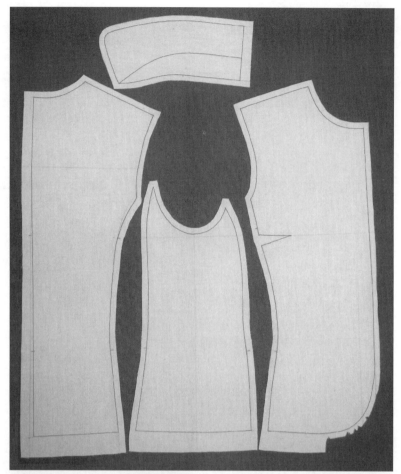

图3-121 ▶

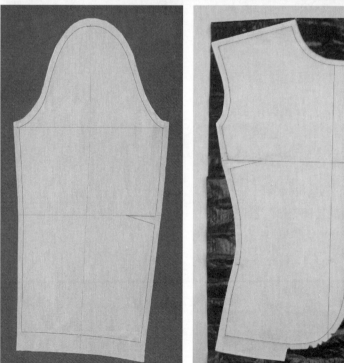

▲ 图3-122　　　　　▲ 图3-123

⑲ 取下衣片修正、描板（见图3–121和图3–122）。

⑳ 用复写纸将衣片板型复制到另一侧衣片上，保持两侧板型的对称和一致（见图3–123）。

㉑ 上衣完成效果图（见图3–124~图3–126）。

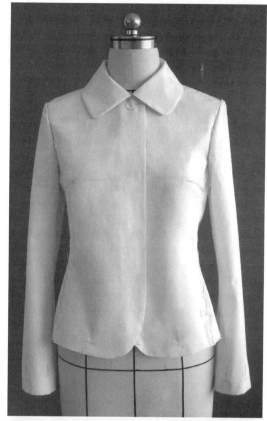

图3-124 ▶

▲ 图3-125

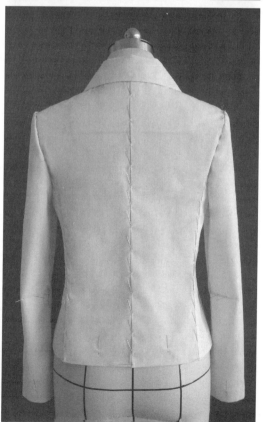

▲ 图3-126

三、双开身平驳领西服

1. 款式描述

此款西服为双开身结构，胸腰省为之字形，先由 BP 点侧下方的胸省转向竖向胸腰省，至兜口位置，并水平延伸到侧缝线，增加了胸部的丰满度，使腰臀部的曲线更美观（见图3-127）。

2. 坯布准备（见图3-128）

3. 别合

▲ 图3-127　　　　　　　　　　　　　　　　▲ 图3-128

① 人台准备。在肩头使用厚约1cm的垫肩，肩头略向外探出1cm。考虑到面料厚度，将人台前中心线向止口方向平移约1cm做平行线，为布料厚度量。搭门宽7cm。双排扣的扣位以中心线为对称轴，对称而成。

确定领座宽，领的翻折线从后中心线开始，与翻折止点连顺，贴出领和驳头的造型线。

根据款式在人台侧面贴出横向分割线的基准线（见图3-129和图3-130）。

② 将前衣片的前中心线与人台上移动后的前中心线相重合，胸围线与人台胸围线重合，用大头针在BP点附近将衣片水平固定。在前颈点上方开剪，沿领围线向侧颈点清理领围，打剪口使领口服帖，在侧颈点固定。

从胸围线向肩部方向使布片自然平服，在肩端点固定，余量倒向侧面。在胸围线处水平地放入松量，确认好竖向省道位置后用大头针简单固定（见图3-131）。

③ 将侧面余量暂时收至肩上，确定胸省的方向和位置，从侧缝沿横向省道方向剪开。注意侧面的横向分割线开剪位置要高于人台上腰节线的标志线约1.5cm缝份量，保证臀围处加放松量。

由于各省道与衣片移动的关系紧密，因此在开剪之前要认真确定省道的位置与大小（见图3-132）。

④ 放下衣片侧面的余量，使布片向下向前倾斜，将余量转入到打开的胸腰部省道中，用折合法别合上部省量，横向省道先用重叠法临时固定（见图3-133）。

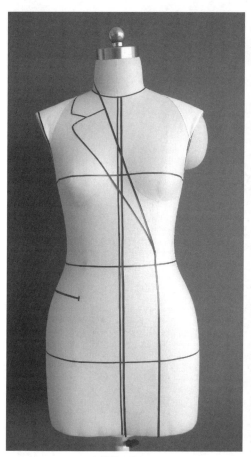

▲图3-129

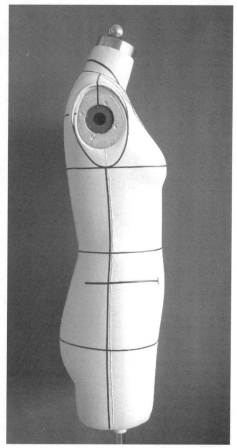

▲图3-130

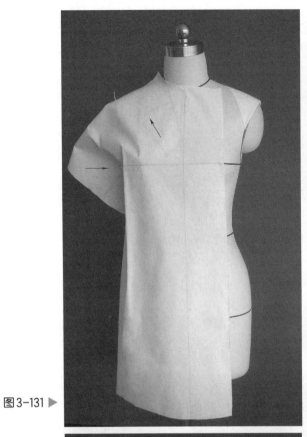

图 3-131 ▶

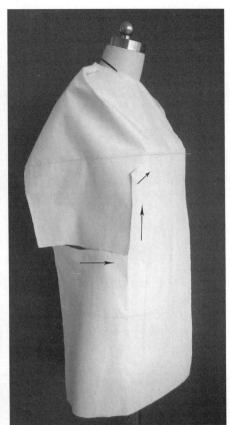

◀ 图 3-132

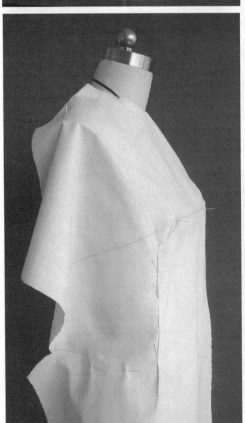

图 3-133 ▶

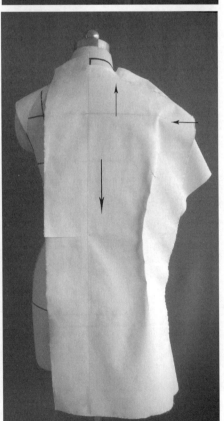

◀ 图 3-134

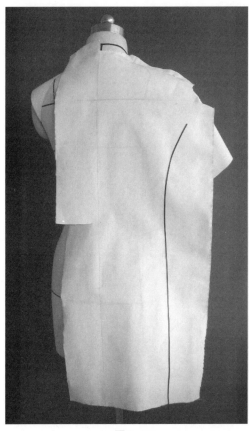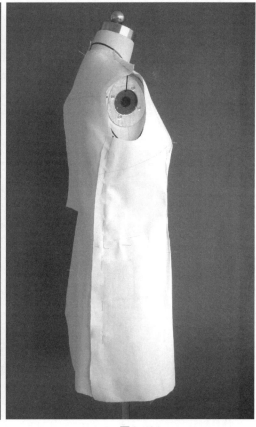

▲ 图3-135　　　　　　　　　　　　▲ 图3-136

　⑤ 人台的后中心线和肩宽线与后片吻合，用大头针固定。从背宽线向上至侧颈点，向下至腰部整理后片。在后颈点中心打开剪口向侧颈点整理领围线，后中心线在后腰中心点处偏移，作为后背中心线收入的省量。

　　在背宽处加入松量，向上轻推，将肩胛骨上部的余量分散为后领围的松量和肩缝部分的缩缝量。抓合前后肩，合理分配缩缝量。

　　捏出后侧面的省道，确定分割线的位置（见图3-134）。

　⑥ 保证背宽处和臀部的松量，贴出后侧面的分割线，剪去余布（见图3-135）。

　⑦ 在前片的侧面加入衣身的松量，与后片水平对应重合，用重叠法别合后侧分割线。因前片在剪开并收省后，侧面的衣片部分纱向发生了变化，因此不能根据胸围线、腰围线等确认对应位置，要认真观察并仔细确认胸部、腰部和臀部的整体平衡感和腰型，是否形成面的转折并且确定没有变形。

　　修剪分割线、肩缝与袖窿处的余布（见图3-136）。

　⑧ 将调整好造型的衣身点影，拆下进行板型整理，修剪缝份（见图3-137）。

　⑨ 衣身用折合法重新别合成型（见图3-138）。

　⑩ 将兜盖整理成型，按款式要求别合在横向分割线处，前端探出4cm。

　　装上布手臂。贴出上袖点和袖窿底点（见图3-139）。

　⑪ 两片袖用平面制图，裁出毛份板（见图3-140和图3-141）。

　⑫ 别合并整熨袖身（见图3-142和图3-143）。

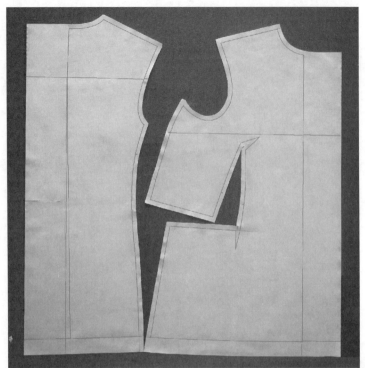

◀ 图 3-137

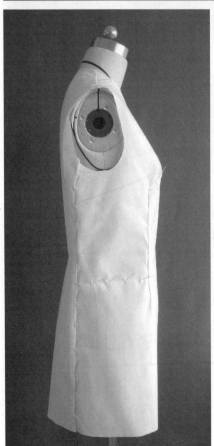

▲ 图 3-138

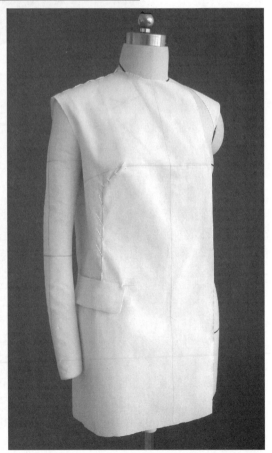

▲ 图 3-139

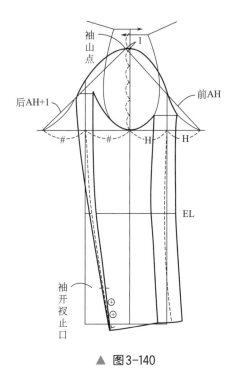

▲ 图3-140

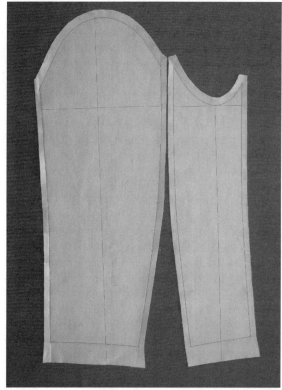

图3-141 ▶

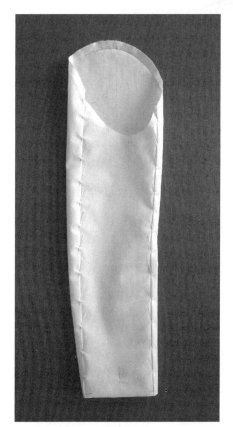

▲ 图3-142

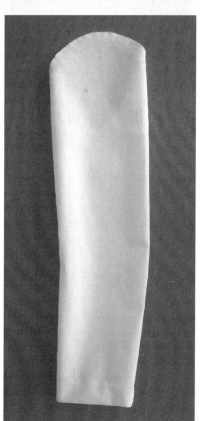

▲ 图3-143

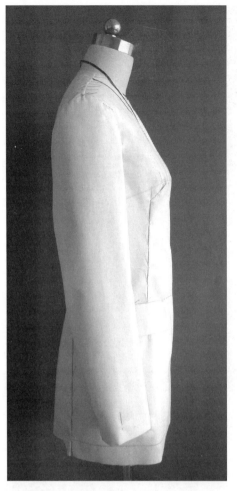

▲图3-144

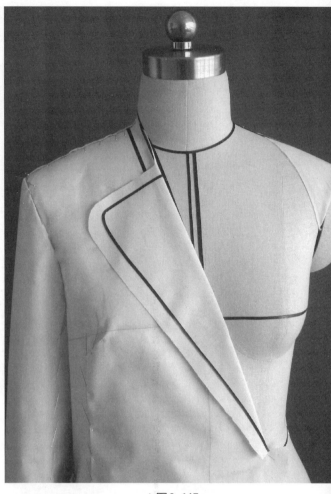

▲图3-145

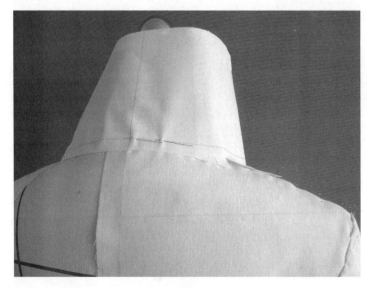

▲图3-146

⑬ 用藏针法上袖，袖山高点向后移1cm以保证袖的方向性（见图3-144）。操作方法见"衬衫上袖"。

⑭ 在翻折线止口处打上剪口，沿人台基准线翻折，贴出驳头的造型。平行于翻折线贴出领围线并连顺（见图3-145）。

⑮ 领的后中心线与衣身后中心线垂直对准，用大头针固定。从后中心线开始2~2.5cm沿水平方向固定，留1cm缝份，剪去余布。领片转向前

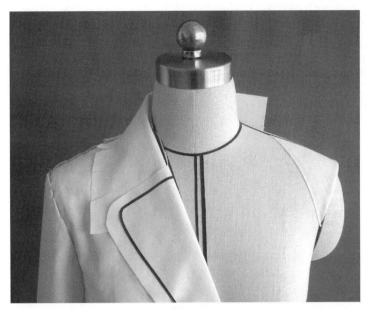

▲图3-147

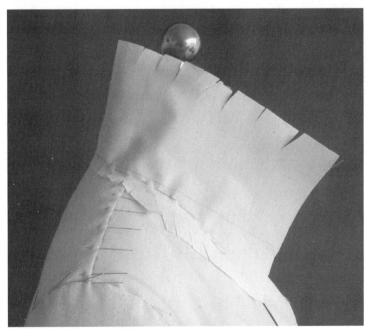

▲图3-148

身，一边打剪口，一边用大头针固定，一直到侧颈点。固定时要向上适当提拉领片，保证与颈部的空间量（见图3-146）。

⑯ 在后中心线的位置，确定并整理后领座，领面较领座要宽1~1.5cm。将领向前绕，观察领与肩部的关系及颈部与领的空间量，在领外侧的缝份上打剪口，整理领面形状。与人台上标注的驳头翻折线对应后用大头针固定（见图3-147）。

⑰ 将翻领翻起，沿侧颈点向前领处用大头针固定。取下翻领部分修整板型，拷贝整个领型（见图3-148）。

▲ 图3-149

⑱ 确定领面形状，贴出净份线。画点影线、对合记号（见图3-149）。

⑲ 取下衣身和袖子，去掉大头针，对衣片进行修板，划出扣位、兜口位（见图3-150和图3-151）。

⑳ 完成图见图3-152~图3-154。

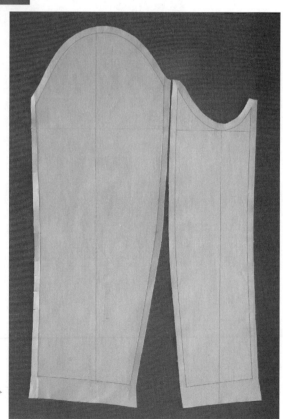

图3-150 ▶

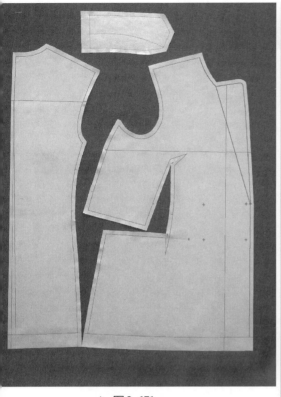

▲ 图3-151

◀ 图3-152

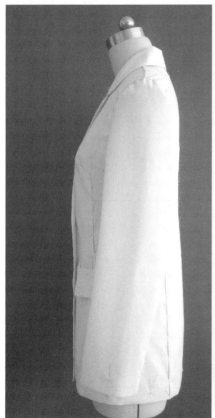

图3-153 ▶

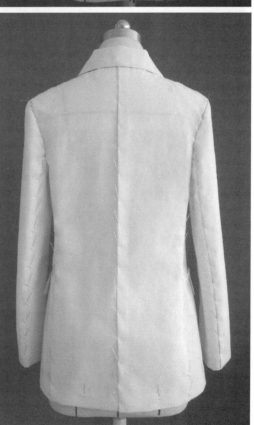

◀ 图3-154

四、宽松体连袖上衣

1. 款式描述

此款式特征为立领、连袖，前胸有横向胸省，衣身造型宽松，腋下加菱形袖衩，袖口微喇，具有较明显的中式风格（见图3-155）。

2. 坯布准备（见图3-156）

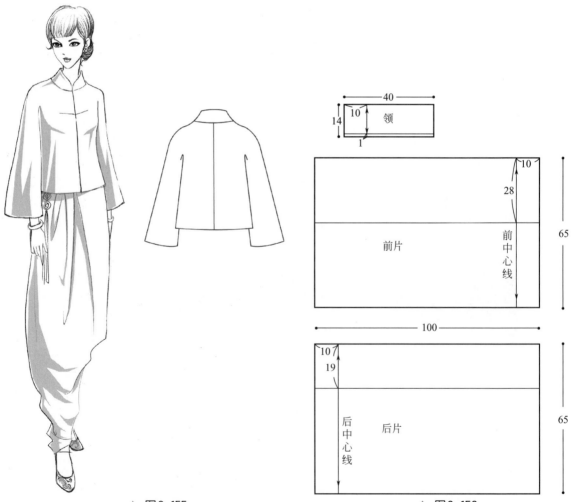

▲ 图3-155

▲ 图3-156

3. 别合

① 人台准备。前腋点和后腋点垂直向下与胸围线的交点，定为连袖腋下开剪标志点。在侧缝线上标注袖衩拼合下点（见图3-157）。

② 将前片的中心线、胸围线与人台前中心线、胸围线对准，在两侧BP点处固定。沿BP点向上抚平衣片，找到侧颈点，固定，整理领围，将余布剪去，打剪口使其帖服。将领口处形成的余量向中心线和两乳中间轻推，形成胸省，用抓合法固定。

固定肩端点，将衣片自然顺下，水平向胸宽处推出需要的松量并固定。衣片整理出箱式造型（见图3-158）。

③ 布手臂拉起约30°，稍向前倾，保持衣身松量和造型，贴出侧缝线，固定。沿侧缝线留2cm左右调整量剪开，至袖衩拼合下点，再剪至前腋下标志点。

此时要注意边观察边开剪，以防开剪位置偏差或剪过量（见图3-159）。

④ 保持布手臂抬起的状态，确定肩线和袖中线，用粘带贴出标志线。保留一定调整量，剪去余布。

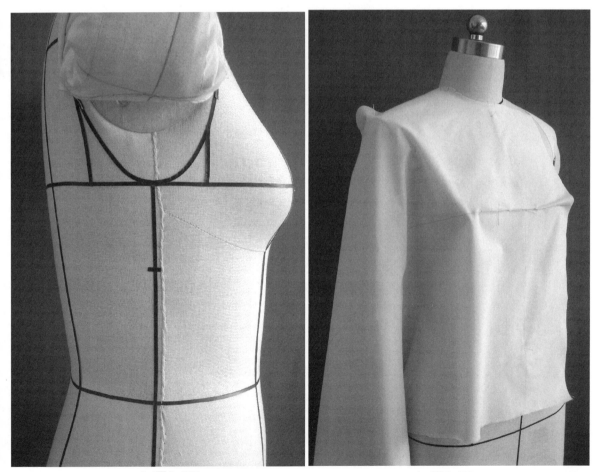

▲ 图3-157　　　　　　　　　　▲ 图3-158

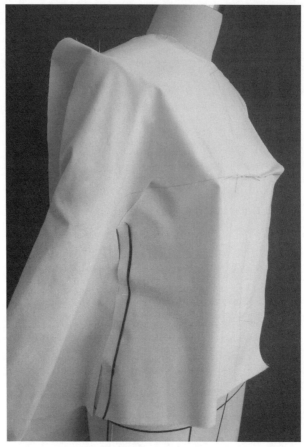

◀ 图3-159

肩点下落约1cm，确定袖长，贴出标志线，剪去余布（见图3-160和图3-161）。

⑤ 将后片与人台的后中心线、背宽线对准，在后颈点下方和背宽处固定，在后领围上方打剪口。向下自然抚平衣片（见图3-162）。

⑥ 整理领围，剪去余布，打剪口使其帖服。在背宽处推出需要的松量，固定肩点。向下自然捋出后片稍显梯形的箱式造型。抬起布手臂约30°，保持衣片松量和造型，根据前片侧缝线确定侧缝，用重叠针法固定。

同前片，留一定调整量剪开至袖衩拼合下点，再至后腋下标志点。注意开剪的方向和位置（见图3-163）。

⑦ 保持布手臂的角度，从侧面观察袖型，确定后袖中线，用重叠法固定前后袖片，剪去后袖片余布。同时后袖片肩部放出约0.8cm余量。

整理袖型，做出袖口呈微喇的造型，确定袖肥，用重叠法别合内侧袖缝（见图3-164）。

⑧ 将手臂抬起露出袖内侧，用粘带贴出袖衩拼合线和袖缝。保证袖身和衣身的松量、造型，根据腋下形成的剪切口张开的宽度和形状，准备袖衩布片，留足够余量（见图3-165）。

⑨ 用重叠针法沿贴好的袖衩拼合线别合袖衩下半部和衣身，保持袖衩和衣身平整、不扭曲（见图3-166）。

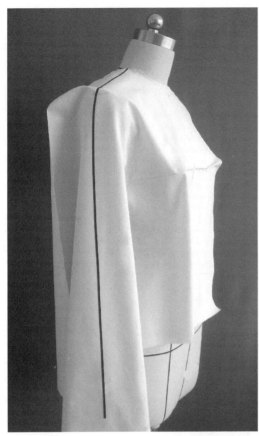

▲ 图3-160

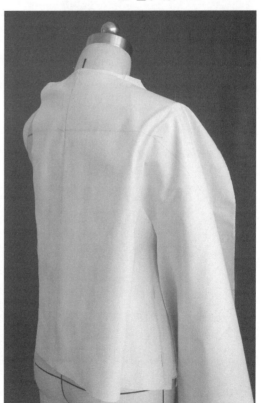

▲ 图3-161

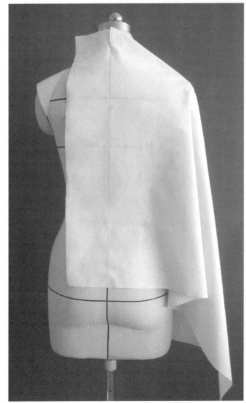

▲ 图3-162

▲ 图3-163

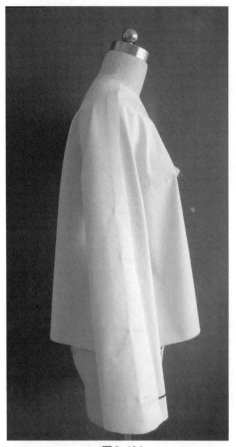

▲ 图3-164

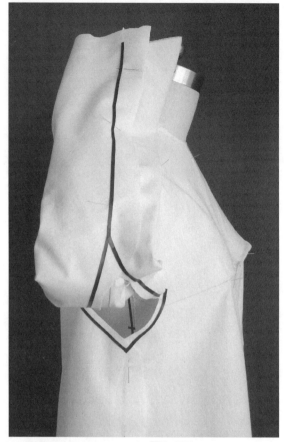

▲ 图3-165

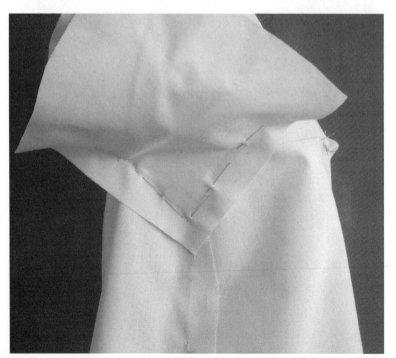

▲ 图3-166

⑩ 放下布手臂并保持30°状态，从腋下以重叠针法沿拼合线别合袖衩和袖身。观察袖和衣身的形状、腋点附近的松量和空间，并进行调整（见图3-167）。

确定袖和衣身的造型后，画点影并取下衣片进行板型的修正。

⑪ 衣片重新别合后观察效果，进行调整（见图3-168~图3-170）。

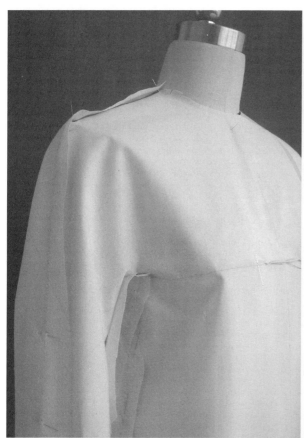

图3-167 ▲

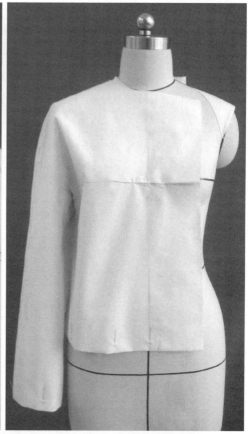

▲ 图3-168

图3-169 ▶

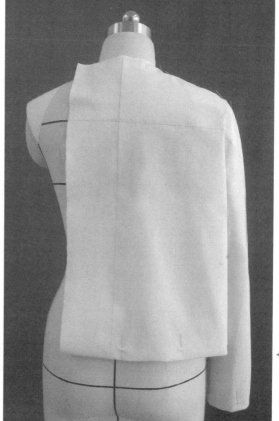

◀ 图3-170

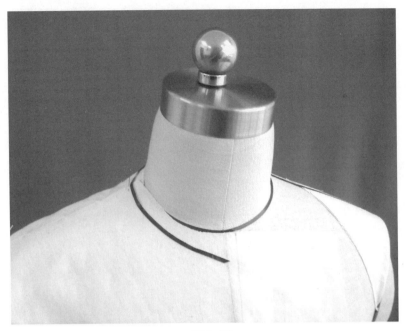

▲ 图3-171

⑫ 在重新别合的衣身上确定领围线，前领口下落约2cm，用粘带贴出（见图3-171）。

⑬ 将领片后中心线对齐衣身的后中心线，装领线与衣身领围线对准，从后中心线开始水平向外2.5cm别合。领片向前，边转边打剪口（见图3-172）。

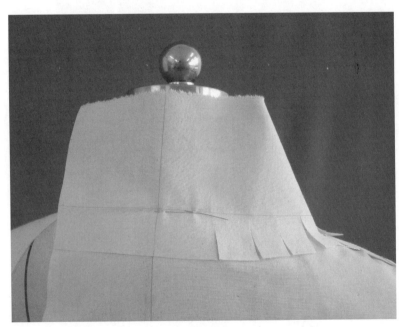

▲ 图3-172

▲ 图3-173

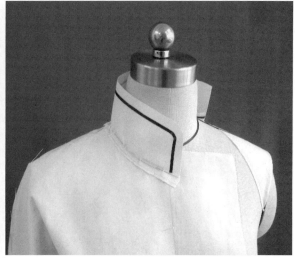

▲ 图3-174

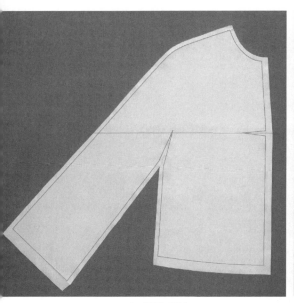

▲ 图3-175

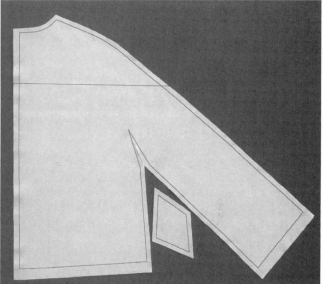

▲ 图3-176

⑭ 用手指在领片与颈部之间控制空间量和领的造型，沿领围线别合。缝份处打剪口使领更服帖圆顺（见图3-173）。

⑮ 确定领宽，用粘带贴出领型。留1cm的缝份，剪去多余的布（见图3-174）。

⑯ 取下衣片修正板型，复片（见图3-175~图3-177）。

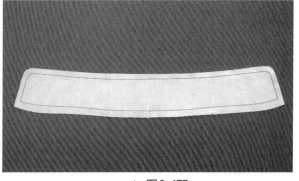

▲ 图3-177

⑰ 衣身完成效果图见图3-178~
图3-180。

完成效果以袖自然下垂后胸宽处
无太多余量，腋下袖衩形较隐蔽，并
且不影响手臂上抬为宜。

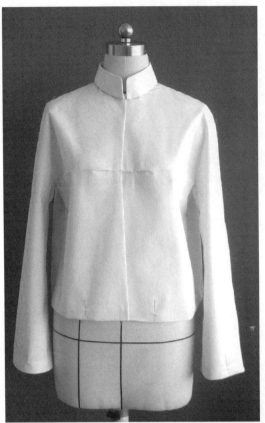

◀ 图3-178

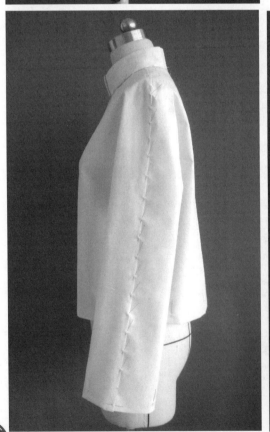

▲ 图3-179

▲ 图3-180

第三节　大衣、风衣

 连领大衣

 1. 款式描述

　　此款连领大衣，采用一片式装袖，前后衣身设有公主线，腰部微收，底摆摆度略宽的造型。领部特征是后为立领，前为翻折领，具有两用领功能，双排对合暗扣，兜口设在前公主线上，有腰带作装饰。实际应用中可选用较厚重的毛呢类面料制作（见图3-181）。

◀ 图3-181

2. 坯布准备（见图3-182）

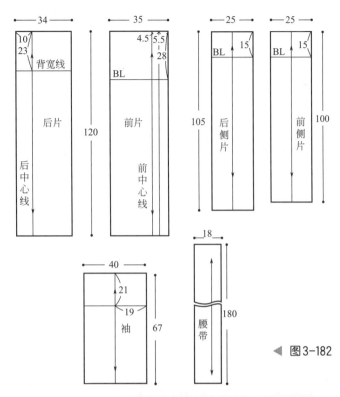

◀ 图3-182

3. 别合

① 为了操作方便可在肩部放上0.8~1.0cm厚的垫肩，作为肩部的放松量。重新贴出肩线和袖窿线。

前中心线向外0.5~0.8cm设定出实际面料厚度量，平行地贴出基准线，由此量取搭门宽线进行标定。贴出衣身分割线（见图3-183）。

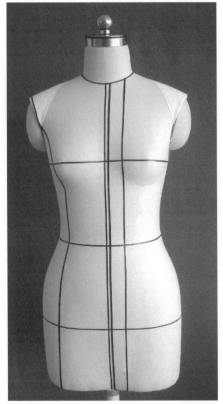

▲ 图3-183

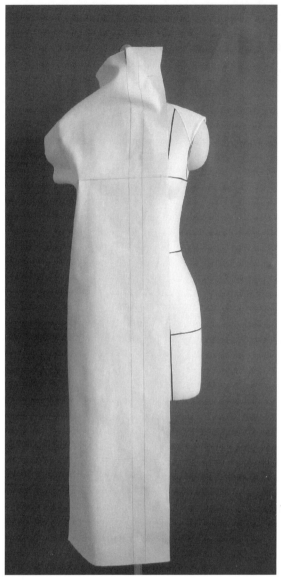

▲ 图3-184

② 将前衣片中心线和胸围线与人台前中心线和胸围基准线对齐，在前颈点下方和BP点处固定，保持前中心线垂直于地面。领窝处留有足够的松量，前中心线处开剪至领窝上方。

保持水平方向，在胸宽处加入一定松量。整理出前、侧的立体型（见图3-184）。

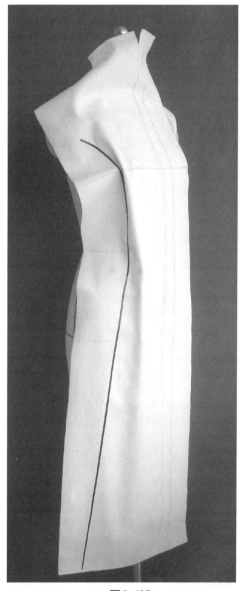

▲ 图3-185

③ 根据人台上的基准线用粘带贴出前片公主线，注意下摆的摆度（见图3-185）。

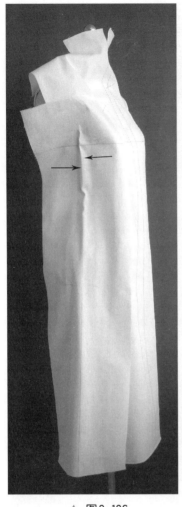

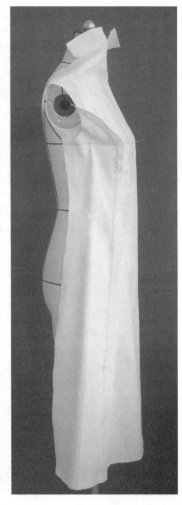

▲ 图3-186   ▲ 图3-187   ▲ 图3-188

④ 将前侧片胸围线与人台胸围线、前片胸围线对准，中心线与人台侧面基准线对齐，垂直于地面，固定胸围、臀围和腰围处，同时留出需要的松量（见图3-186）。

⑤ 根据前片上贴好的标志线确定前侧片的分割线，用重叠针法沿分割线别合两衣片，剪去多余的布（见图3-187）。

⑥ 整理袖窿和肩缝，留出一定松量，剪去余布。沿侧缝粗裁（见图3-188）。

⑦ 对准后片和人台的中心线与背宽线，固定背宽处。顺人台后背向下抚平衣片，在腰围线处打剪口以使衣片服帖。后中心线在腰围处稍有倾斜，产生的量作为后腰处的省量处理（见图3-189）。

⑧ 在背宽处加入需要的松量，贴出分割线。

后领窝和袖窿处留适当松量，在颈侧点处留一定空间，抓合出肩线（见图3-190）。

⑨ 剪掉多余的量，观察前后领型，进行调整，必要时在侧颈点处可打剪口。注意此款由于是连领，颈部和肩部的空间量较大，要仔细操作，在保证空间的同时，整体造型的饱满圆顺和分割线的位置和形态也是重点（见图3-191）。

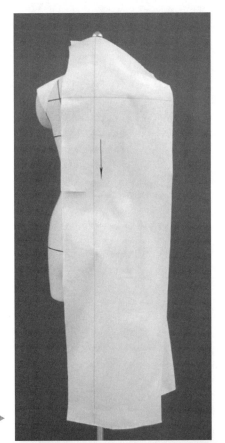

图3-189 ▶

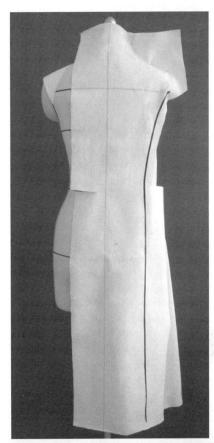

◀ 图3-190

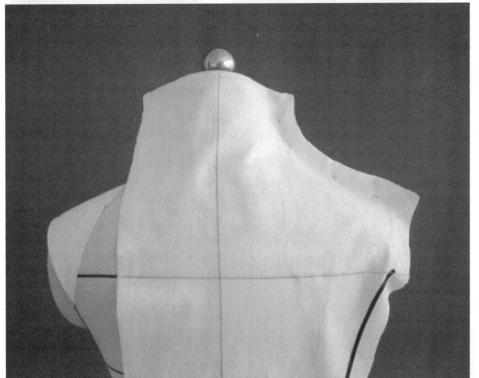

图3-191 ▶

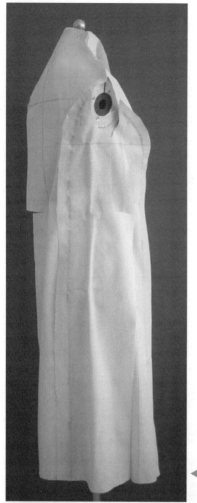

◀ 图 3-192

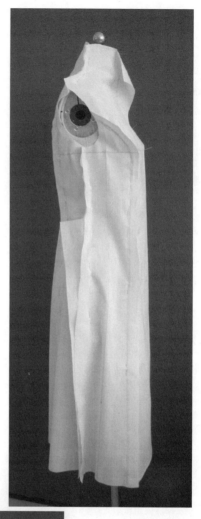

◀ 图 3-193

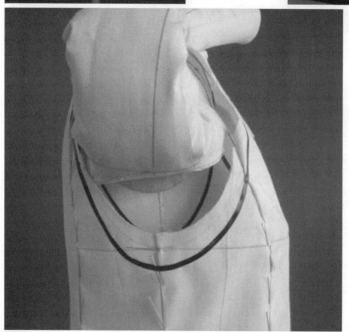

▲ 图 3-194

⑩ 同前侧片，将后侧片与人台和后片对合，留出松量，沿后片贴出的标志线确定分割线并别合，剪去余布（见图 3-192 ）。

⑪ 保持前、后衣身的立体造型和应有的松量，抓合侧缝，留有一定调整量后剪去余布。

观察整体造型，然后进行点影，取下修正板型（见图 3-193 ）。

⑫ 将衣片重新别合，装上布手臂后确定并贴出袖窿线。注意大衣的袖窿底要下落（见图 3-194 ）。

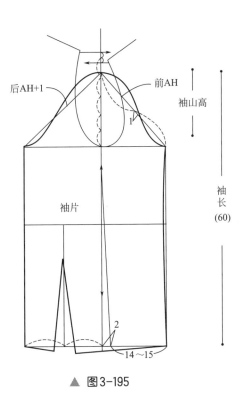

后AH+1　　前AH

袖山高

袖片

袖长
(60)

14～15

▲ 图3-195

⑬ 根据袖窿线尺寸在平面上制成有纵向肘省的一片袖板。将袖片用折合法别合，整理成型（见图3-195~图3-197）。

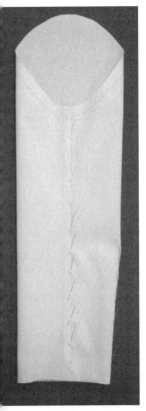

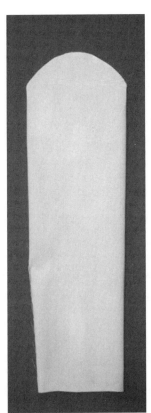

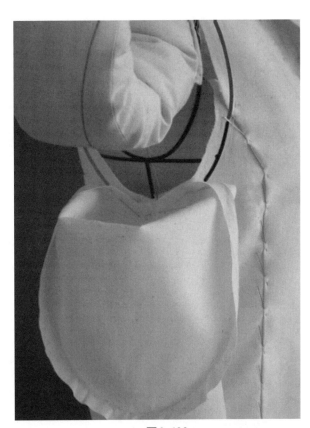

▲ 图3-196　　　　　▲ 图3-197　　　　　▲ 图3-198

⑭ 抬起布手臂，将袖底与袖窿底位置固定。然后将布手臂放入袖筒中，确定上袖点，用藏针法别合袖身与衣身（见图3-198）。

⑮ 观察上好的袖子造型，与衣身是否协调，进行调整（见图3-199）。

⑯ 取下衣片进行修正，复片（见图3-200和图3-201）。

◀ 图3-199

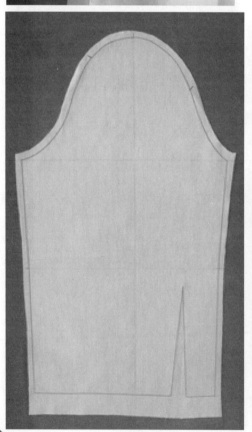

▲ 图3-200

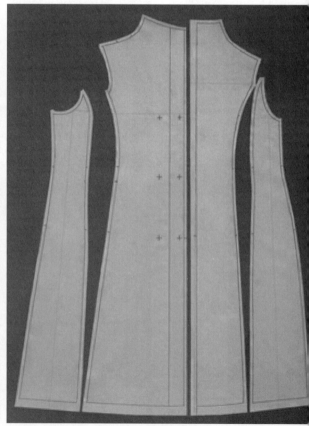

▲ 图3-201

图3-202 ▶

◀ 图3-203

◀ 图3-204

⑰ 大衣完成图见图3-202~图3-204。

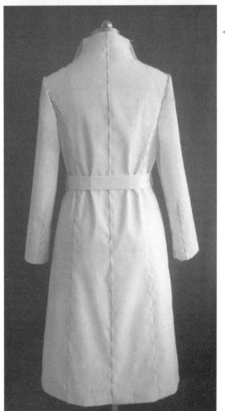

二 插肩袖风衣

1. 款式描述

    此款宽松体风衣具有军装特点，插肩袖、双排扣、斜插兜，领部由翻折领和驳头组成，前覆片为不对称设计，后片有开衩，细节包括肩章、袖衩、腰带设计等（见图3-205）。

▲ 图3-205

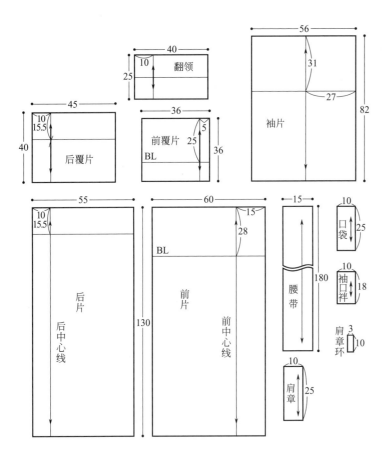

◀图3-206

2. 坯布准备（见图3-206）

3. 别合

　① 配合插肩袖肩部的造型，人台肩部的垫肩设计成包肩型，肩端点向外移大约1.5cm。沿人台前中心线做1cm宽平行线，作为面料厚度量。贴出前门襟线、驳领的翻折线和翻领的翻折宽度，沿领围贴出领围线（见图3-207）。

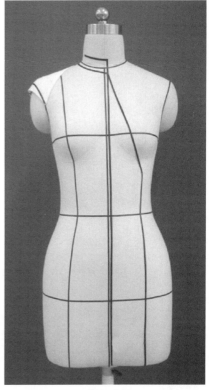

▲ 图3-207

② 前片的中心线及胸围线与人台的基准线重合，确认中心线垂直于地面，固定。在领口前中心打上剪口，领围处放入松量，在侧颈点附近暂时固定。

保持胸围线水平，整理肩部到胸部的衣片，将胸围线上方的余量转换为肩省。在胸宽处加入足够的松量（见图3-208）。

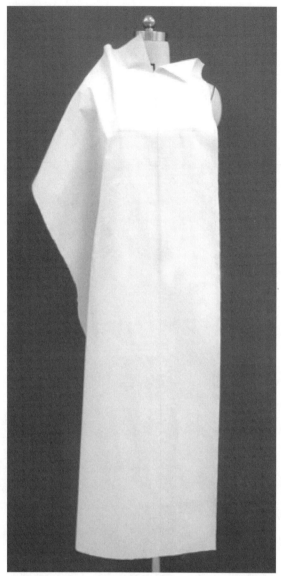

▲ 图3-208

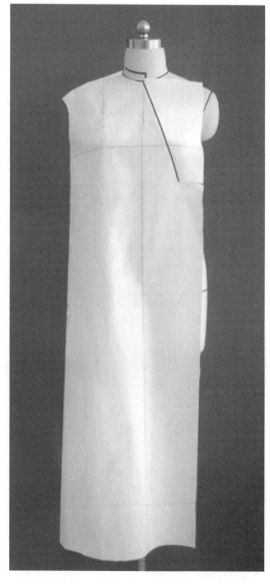

▲ 图3-209

③ 确定肩省的位置和方向并别合，沿领围线将余布剪去，打剪口使领围服帖。整理肩部和袖窿，剪去余布。

在驳头的翻折止点处打横剪口，从前端翻折，贴出翻折线。

整理衣身，形成下摆稍宽的立体型（见图3-209）。

④ 将后片的中心线和背宽线与人台的基准线对准，确认后中心线垂直于地面，固定背宽线处。在领围处放入适当松量，剪去余布，打剪口整理。

在背宽处加入需要的松量，同前片，做出下摆稍宽的梯形轮廓。

背宽线以上的余量向上推至肩缝处，均匀分散于后肩缝线上吃入。用抓合法别合肩缝，剪去肩缝处和袖窿的余布（见图3-210）。

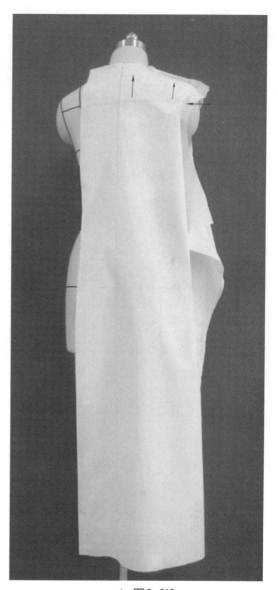

▲ 图3-210

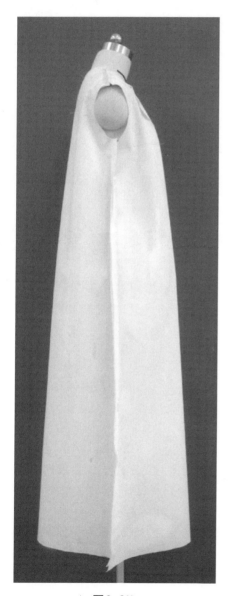

▲ 图3-211

⑤ 侧面观察衣身的造型，确定后抓合侧缝线并剪去余布，保持侧缝线的垂直（见图3-211）。

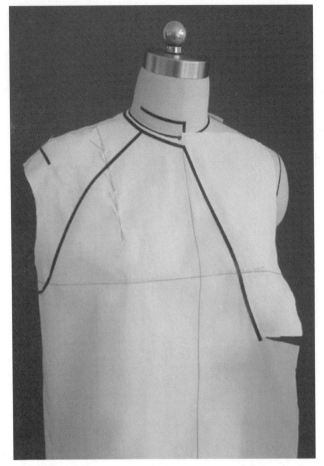

▲ 图3-212

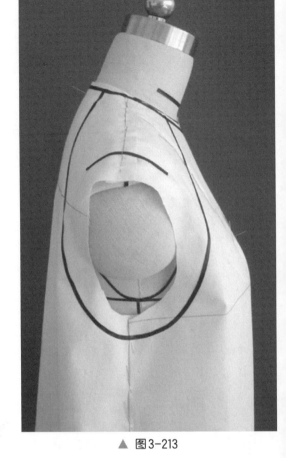

▲ 图3-213

⑥ 将侧缝用折合法重新别合，肩缝处可以使用重叠针法，以避免过厚而影响袖的操作。用粘带贴出领围线、插肩袖线和肩宽线（见图3-212和图3-213）。

⑦ 将前覆片放在人台上，观察整体效果，在上部放入松量。用大头针沿插肩袖分割线别合，贴出前覆片的轮廓线（见图3-214）。

⑧ 将后覆片覆在后片上，中心线对准后片中心线，由于肩胛骨凸起产生的余量向下形成立体造型。用重叠针法别合插肩袖分割线。观察整体效果，确定后覆片的长度（见图3-215）。

⑨ 从侧面观察前后覆片的造型，衣身与覆片在袖窿线处要吻合，前后覆片侧缝部分用重叠法固定。连顺其下缘线（见图3-216）。

⑩ 为了便于操作袖子，在前后覆片上再次贴出插肩袖线。

装上布手臂，准备上袖（见图3-217）。

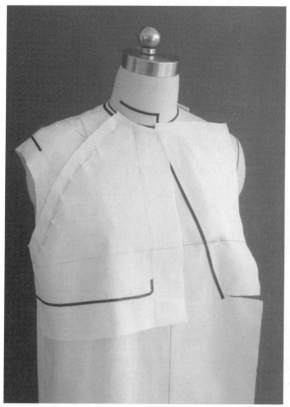

▲ 图 3-214

▲ 图 3-215

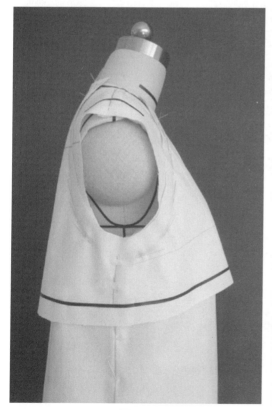

▲ 图 3-216

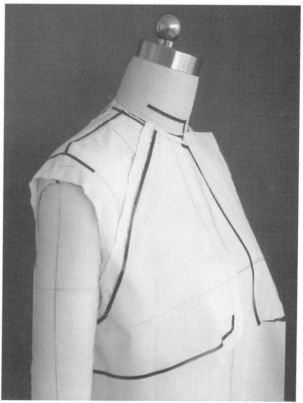

▲ 图 3-217

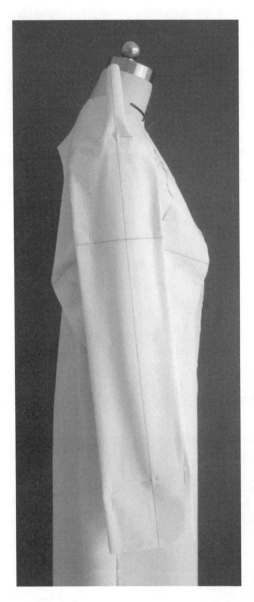

▲ 图3-218

⑪ 让手臂抬起约30°，略向前倾。将袖片上的横向基准线与衣身上的胸围线对准，袖中心线与手臂中心线对准，在肩端点及袖口处用大头针固定。

根据预计的袖宽理出袖型，平行留出前后袖宽的松量（前约1.5cm，后约2cm），在前后肩处自然消失（见图3-218）。

⑫ 将袖片的肩部上提，整理插肩袖线上部，袖片的前肩和后肩部分出现的余量作为肩缝省量收进。用重叠针法别合前后插肩袖窿线上段，注意前后袖片臂根处的松量。

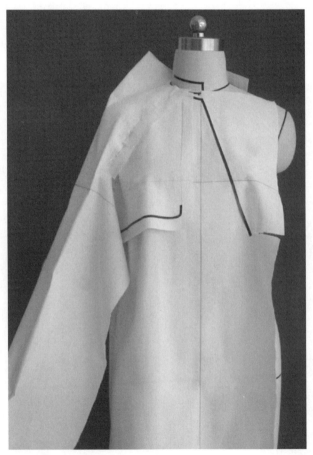

▲ 图3-219

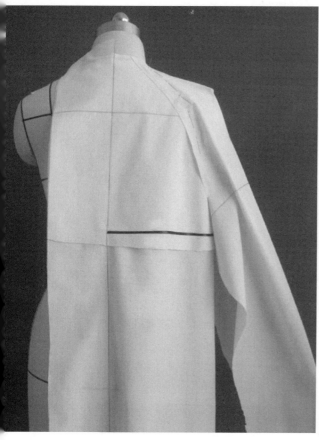

▲ 图3-220

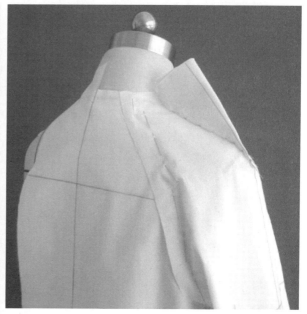

▲ 图3-221

整理领围，保留一定调整量，沿已别合的插肩袖线剪开至前后腋点附近，将余下的布片转至腋下（见图3-219和图3-220）。

⑬ 观察袖型，抓合法别合肩部余量，前肩部收入的量较多。注意肩线的位置和方向，肩端消失自然。

保持袖宽和松量，找到腋下拼合点（见图3-221）。

⑭ 拉起袖身，确定袖长和袖口宽度（见图3-222）。

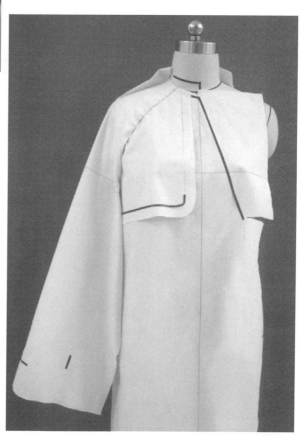

▲ 图3-222

▲ 图3-223

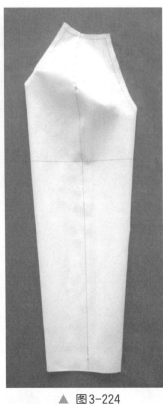

▲ 图3-224

⑮ 取下袖片，修正板型，连顺袖缝线，用折合针法别好袖身并整理肩部和袖缝（见图3-223和图3-224）。

⑯ 将衣身的袖窿底与袖底重合，侧缝与袖内侧缝对准，确认方向后，从内侧用大头针固定（见图3-225）。

⑰ 将布手臂穿入袖身，使袖的肩部覆在人台肩部，肩缝线重合。固定侧颈点，观察前后袖型，用折合针法沿插肩袖分割线别合袖和衣身。

观察前、后和侧面的袖型（见图3-226~图3-228）。

⑱ 将翻领布与衣片后中心线对齐，装领线与领围线重合，水平别合约2.5cm。用手提拉布片，掌

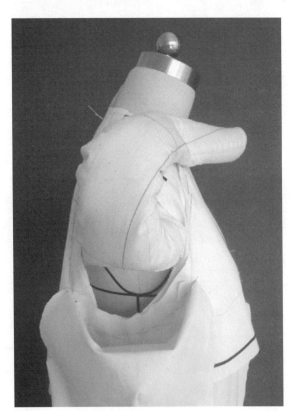

▲ 图3-225

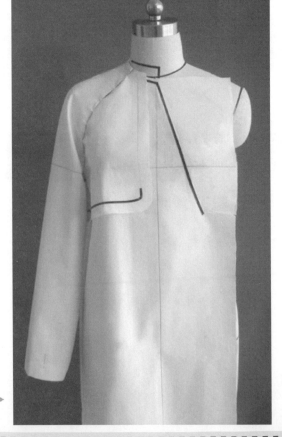

图3-226 ▶

握与颈部的空间，将领片转向前面，一边开剪整理缝份，一边用针固定（见图3-229）。

⑲ 确定翻领宽，在后中心线处固定。

沿颈部向前找出领的造型，在缝份处打剪口使领自然帖服（见图3-230）。

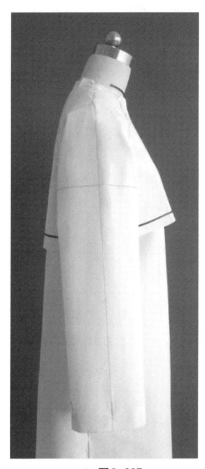

▲ 图3-227

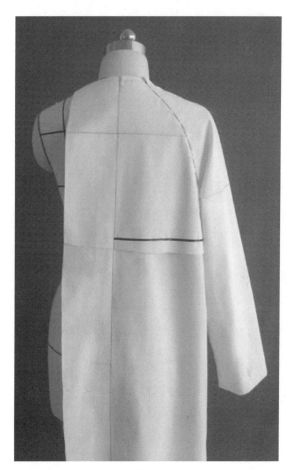

▲ 图3-228

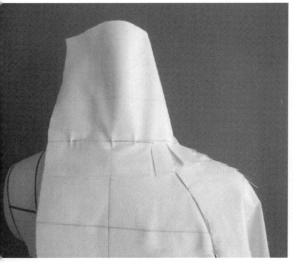

▲ 图3-229

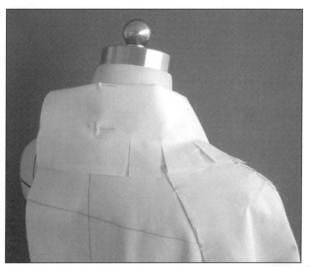

▲ 图3-230

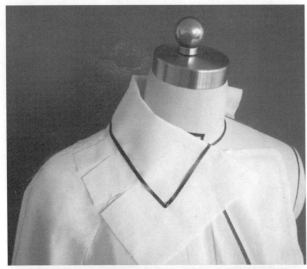

⑳ 观察领座和翻领的造型，翻折线是否美观，颈部与领的空间是否合理。确认后用粘带贴出翻领的造型线（见图3-231）。

㉑ 沿驳领翻折线将驳领部分翻折过来，贴出驳领造型。确认领的整体效果，留1cm缝份，剪去余布（见图3-232）。

◀ 图3-231

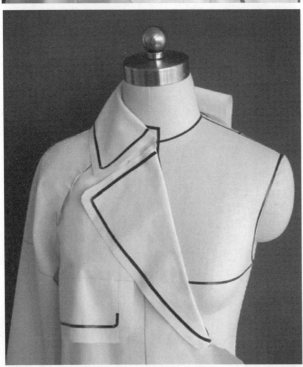

◀ 图3-232

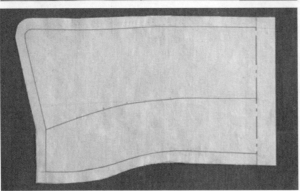

◀ 图3-233

㉒ 将衣身取下修正板型，复片（见图3-233~图3-236）。

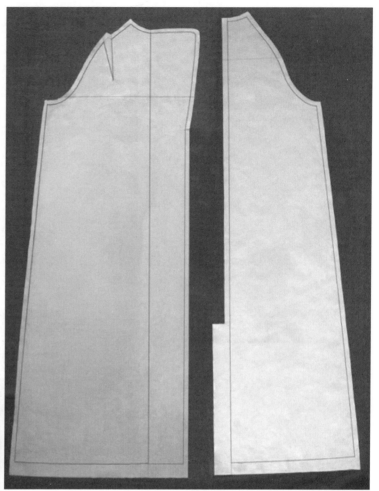

▲ 图3-234

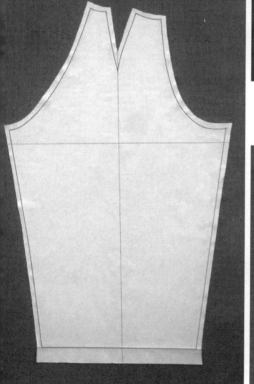

▲ 图3-235

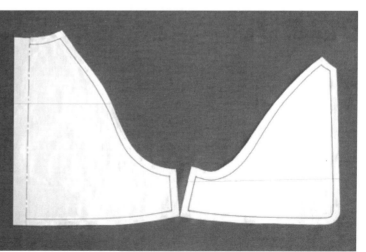

▲ 图3-236

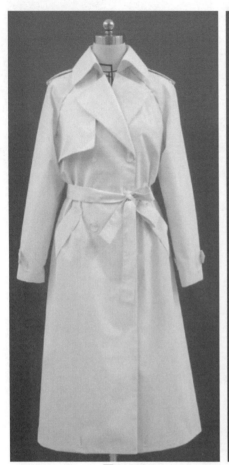

▲ 图3-237　　　　　　　　▲ 图3-238　　　　　　　　▲ 图3-239

㉓衣身板型将衣片重新别合，确定扣位、兜牌的位置及倾斜角度。放上肩章和袖祥。风衣完成图见图3-237~图3-239。

第四节　常用领、袖立体裁剪

一　领的立体裁剪

1. 翻折立领（见图3-240）

（1）坯布准备　参照第三节的领型坯布的准备，各领型的纱向与衣身保持水平一致。取长35cm、宽17 cm的长方形坯布，后中心宽可以保留6cm，后领深3cm（见图3-241）。

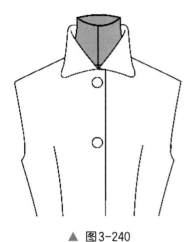

▲ 图3-240

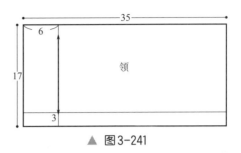

▲ 图3-241

（2）别合

① 根据设计要求确定前后衣身的领口线，用粘带贴好（见图3-242）。

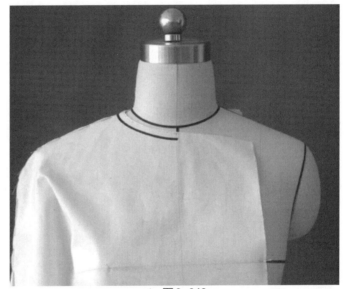

▲ 图3-242

② 领片后中心线与衣身的后中心线对齐，装领线与衣身领围线对准，从后中心开始水平别合2.5cm。领片向前，在侧颈点部位轻向上拉，边转边打剪口（见图3-243）。

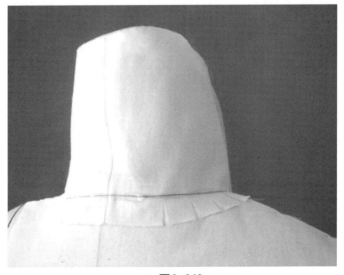

▲ 图3-243

141

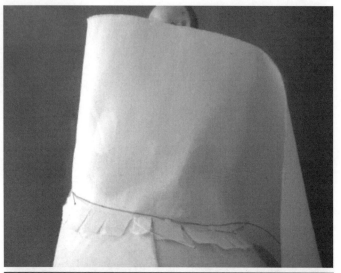

③ 用手指在领片与颈部之间控制空间量和领的造型，沿领围线别合。缝份处打剪口使领更帖服圆顺（见图3–244）。

◄ 图3–244

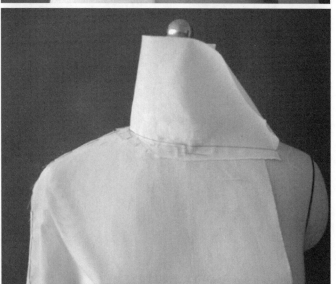

④ 保持领的造型，从侧颈点开始向前将领平服地固定在前领口线上（见图3–245）。

◄ 图3–245

⑤ 确定领宽，用粘带贴出领型。画出领片上领围线和造型线的点影线及对合记号。留1cm的缝份，剪去多余的布（见图3–246）。

◄ 图3–246

⑥ 将领取下重新整理后，别合在衣身上，观察和调整造型（见图3-247）。

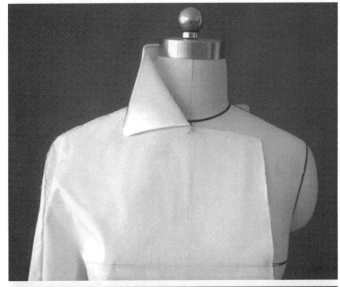

图3-247 ▶

⑦ 翻折立领完成图见图3-248。

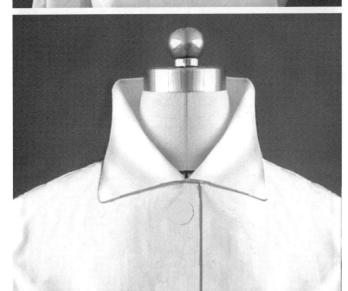

图3-248 ▶

2. 连身立领（见图3-249）

（1）坯布准备 此款领型是连身领，坯布准备时在衣身的长度基础上预留出需要的领宽即可。

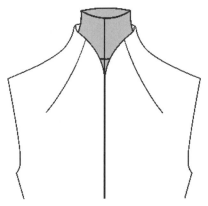

▲ 图3-249

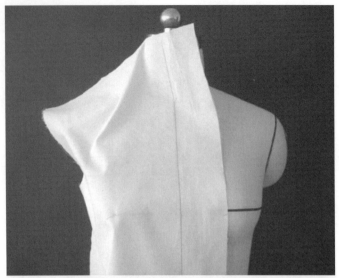

（2）别合

① 将前片中心线及胸围线与人台基准线对准，固定衣片。保持胸围线水平，把胸围线以上的余量收至颈部，做出省的造型（见图3-250）。

◀ 图3-250

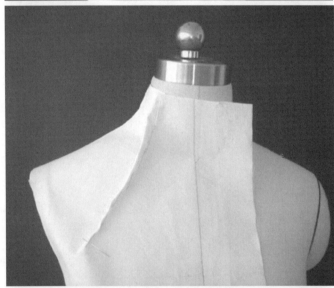

② 保证颈部的空间量，用抓合针法将省别出。注意颈根部的弧线造型要圆顺流畅、不扭曲，省尖消失自然。

根据设计领宽，留出一定调整量，然后剪去多余的布（见图3-251）。

◀ 图3-251

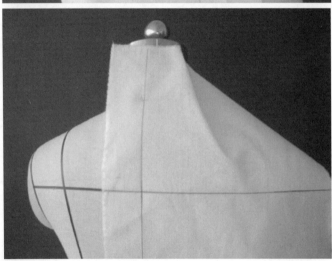

③ 后片操作与前片相同，对准后片与人台的后中心线和背宽线并固定。保持背宽线的水平，将背宽线以上的余量收至颈部，做出省的造型（见图3-252）。

◀ 图3-252

④ 用手指在颈部控制空间量，用抓合针法别出后片的省。与前片相同，要注意省的造型和量。沿肩线抓合肩缝，在侧颈点处留出一定松量（见图3-253）。

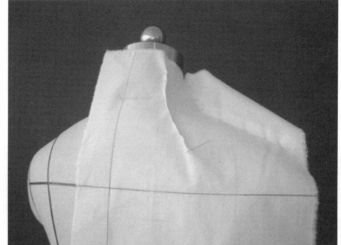

图3-253 ▶

⑤ 将肩部和袖窿处多余的布剪去，调整省和肩缝处的造型及松量（见图3-254和图3-255）。

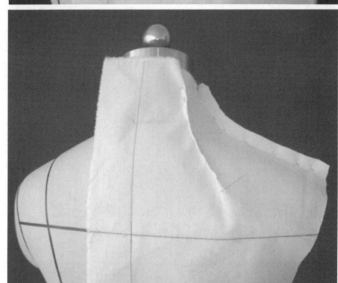

图3-254 ▶

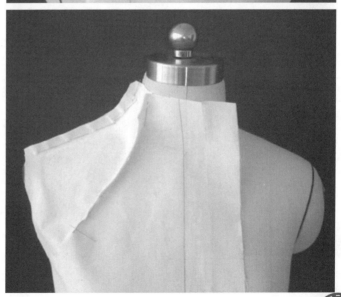

图3-255 ▶

⑥ 用粘带贴出领的造型（见图3-256）。

留出缝份，剪去多余的布。做好点影和对合记号，将衣片取下进行修整和复片。

⑦ 用折合针法重新别合衣身和领部，穿回人台进行观察和调整（见图3-257~图3-259）。

⑧ 连身立领完成效果图见图3-260。

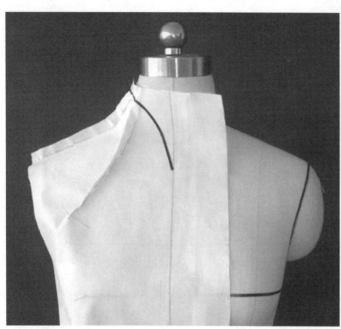

▲ 图3-256

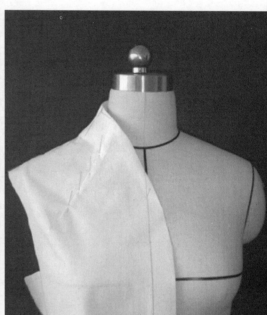

▲ 图3-257

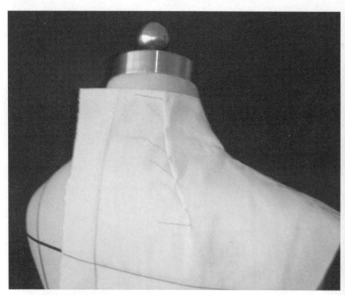

▲ 图3-258

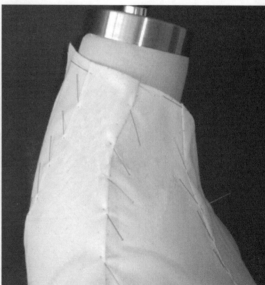

▲ 图3-259

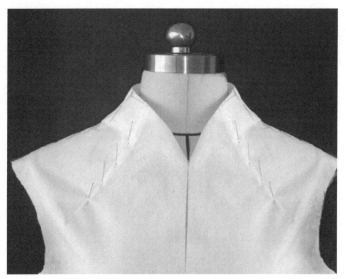

▲ 图3-260

3. 两用翻领（见图3-261和图3-262）

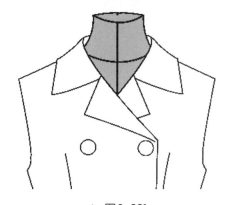

▲ 图3-261

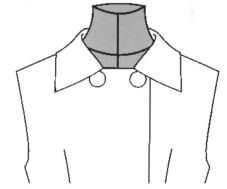

▲ 图3-262

（1）坯布准备　参照翻领的准备，纱向与衣身保持一致，长35cm，宽16cm，中心线宽处10cm，后领深5cm。

（2）别合

① 用粘带贴出领围线、翻折线及驳领部分的领面造型（见图3-263）。

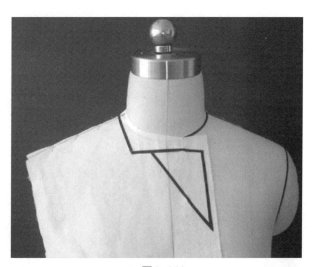

▲ 图3-263

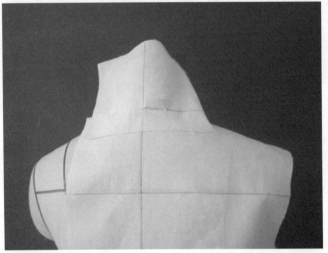

② 领的后中心线与后片中心线对准，从后颈点开始约2.5cm水平别合领和衣身（见图3-264）。

◀ 图3-264

③ 将领向前边转边打剪口，沿领围线用大头针固定，至侧颈点处，用手指控制领与颈部的空间（见图3-265）。

◀ 图3-265

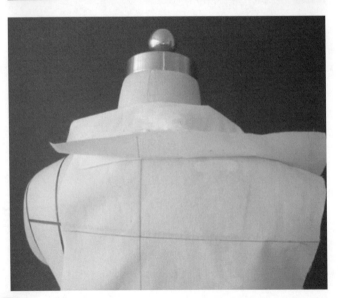

④ 在后中心线处确定领宽，比领座宽1cm，用大头针水平固定（见图3-266）。

◀ 图3-266

⑤ 将领向前绕，打剪口并整理形状，使领的翻折线与驳领的翻折线连顺，保证领和颈部的空间（见图3-267）。

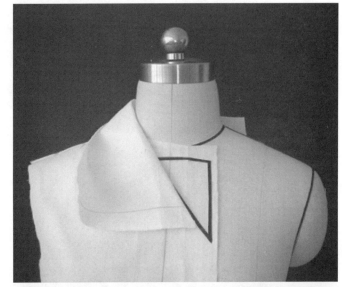

图3-267 ▶

⑥ 翻起领面，一边在缝份上打剪口，一边用大头针别合领底和前片领围线。放下领面，将驳领沿翻折线翻折，重叠在领面上，确认翻领的翻折线与驳领翻折线连顺，别合翻领与驳领部分（见图3-268和图3-269）。

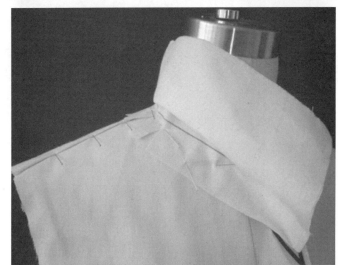

图3-268 ▶

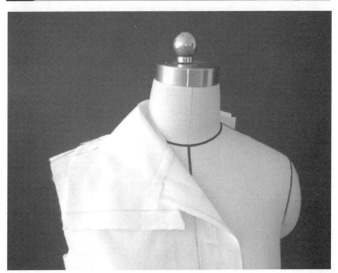

图3-269 ▶

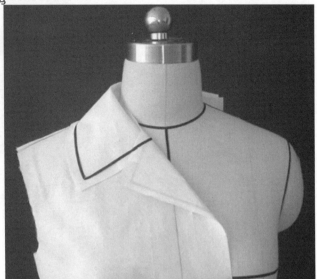

图3-270 ▶

⑦ 整理领型，确定领和颈部的空间及领宽，用粘带贴出领面造型，留缝份后修剪领型（见图3-270）。

⑧ 重新用大头针别合翻领和驳领部分。观察领型和整体比例，翻折线是否顺直等（见图3-271）。

⑨ 两用翻领最后完成效果图见图3-272和图3-273。

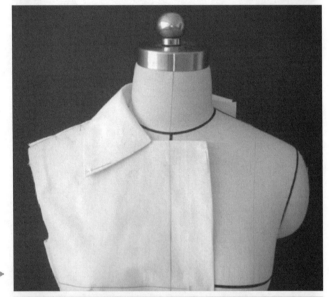

图3-271 ▶

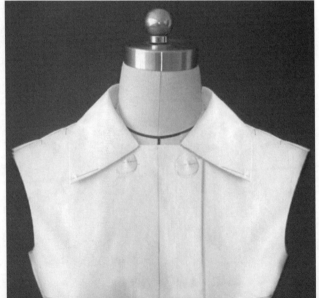

图3-272 ▶

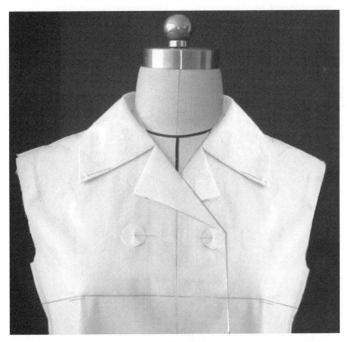

▲ 图 3-273

4. 水兵领（见图 3-274）

（1）坯布准备 参照翻领的准备，纱向与衣身保持一致，长35cm，经纱方向高45cm，中心线宽处10cm，领面部分保留26cm。

（2）别合

① 将领的中心线与衣身的中心线重合，固定领片。在后领位置捏出一定的领座量，约1cm，在装领线处用大头针别合（见图3-275）。

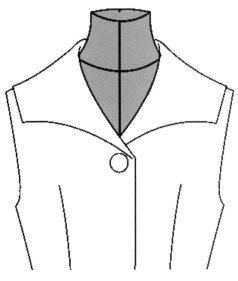

▲ 图 3-274

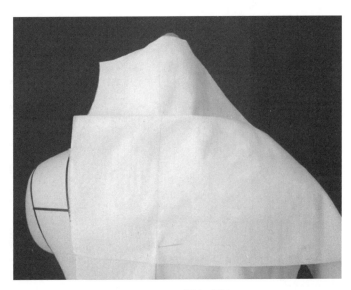

▲ 图 3-275

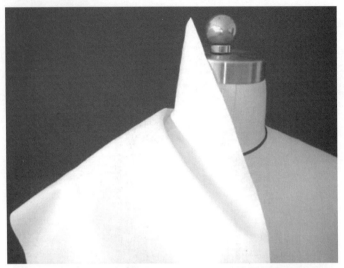

② 沿颈部继续向前，做出领座的形状。保证领与颈部的空间量和翻折线的圆顺（见图3-276）。

◀ 图3-276

③ 在后领中心线处向下开剪，留缝份，沿装领线剪去多余的布（见图3-277）。

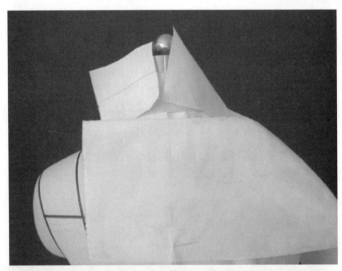

◀ 图3-277

④ 观察前后领座形状，确定后领座位置轻折，整理出领口形状（见图3-278和图3-279）。

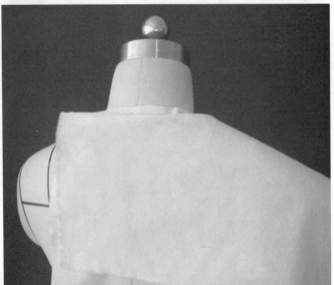

◀ 图3-278

⑤ 将领与衣片固定后，观察整体造型和比例，确定领面的形状，用粘带贴出造型线（见图3-280和图3-281）。

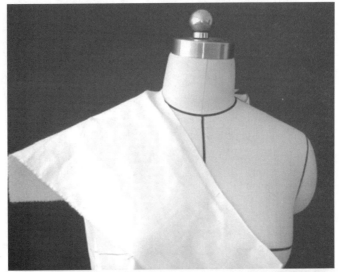

图3-279 ▶

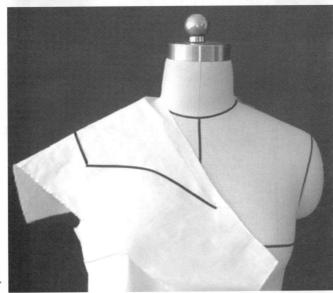

图3-280 ▶

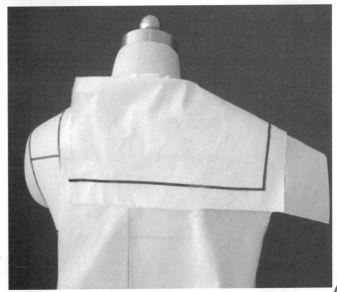

图3-281 ▶

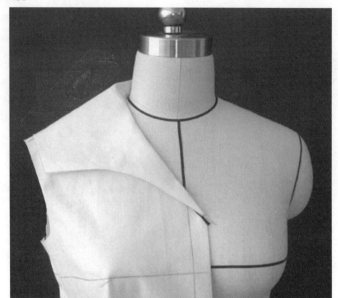

图3-282 ▶

⑥ 整理领型,用大头针重新别合成型(见图3-282和图3-283)。

⑦ 水兵领完成效果图见图3-284。

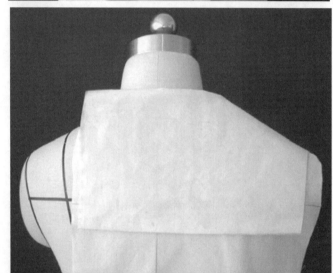

图3-283 ▶

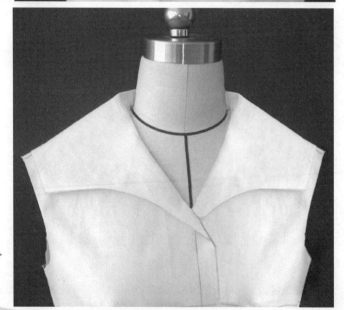

图3-284 ▶

二　袖子的立体裁剪

用立体裁剪的手法对袖子部分进行操作虽然比较直观，但是操作的难度较大，一方面由于自制的布手臂的准确性不够，另一方面操作时需要不断地调整和修改，占用的时间较长，因此，很多专业人士主张用平面裁剪立体操作的方法来完成袖子与衣身的构成关系。下面简单介绍两种袖子的立体裁剪方法。

 1. 两片袖的立体裁剪（见图3-285）

（1）坯布准备　准备长65cm、宽38 cm、袖山高19 cm的长方形大袖片坯布和长52cm、宽26cm、袖山高13 cm的长方形小袖片坯布，标出袖山线、中心线。

（2）别合

① 将大袖片的中心线、袖山线与布手臂对应的基准线吻合，在中心线与袖山线的交点、肘部及袖口部用大头针垂直固定（见图3-286）。

② 在中心线处捏出2.5 ~3cm的松量（可根据款型要求灵活把握），用抓合针法别合。顺着袖臂的形状在两侧固定（见图3-287）。

③ 将小袖片的中心线、袖山线与布手臂内侧对应的袖底线吻合，在中心线与袖山线的交点、肘部及袖口部用大头针垂直固定（见图3-288）。

④ 与大袖的操作手法相同，在中心线处捏出1~1.5cm的松量别合（见图3-289）。

⑤ 大袖与小袖的侧缝进行抓合固定。将多余的布剪掉，粗裁袖底多余部分。

▲ 图3-285

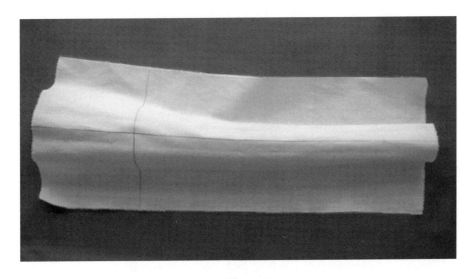

▲ 图3-286

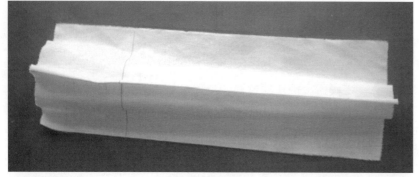

▲ 图3-287

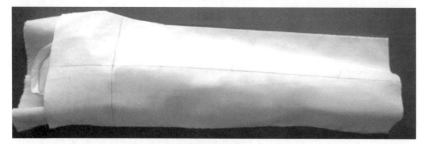

▲ 图3-288

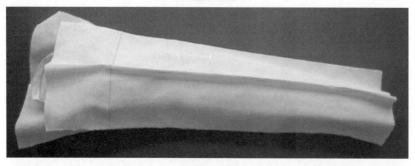

▲ 图3-289

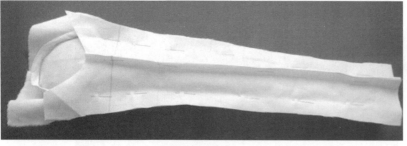

▲ 图3-290

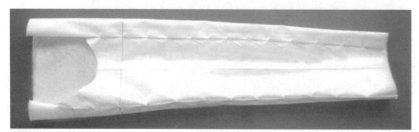

▲ 图3-291

画好点影线和对合记号，打开大、小袖片的松量，观察袖型进行适当的调整。

注意抓合的过程中要察看小袖片的形状和整个手臂的造型，还要考虑与衣身整体关系，具体地确定小袖与大袖的比例分配，整体地把握好前倾的弯度，在操作时外侧臂根可多放些松量以保证手笔的活动量（见图3-290）。

⑥ 取下大头针，在平面上用折叠针法进行成型的别合（见图3-291）。

⑦ 将手臂装在人台上，上抬一定高度，完成袖子底部与衣身的折叠别合，将手臂装入袖管中（见图3-292）。

⑧ 在袖窿线上确定袖山的缝缩量。

为了保证袖子的前倾角度，袖中线在肩点稍微向后一点确定袖山点（见图3-293）。

⑨ 保留2.5cm调整量，对袖山部分粗裁，用重叠针法沿袖窿线进行别合，进一步观察袖山的缩缝量和造型，然后调整，画出点影线和对合记号（见图3-294）。

⑩ 完成对袖子的成型别合（见图3-295）。

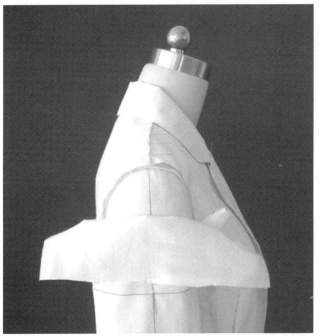

▲ 图3-292

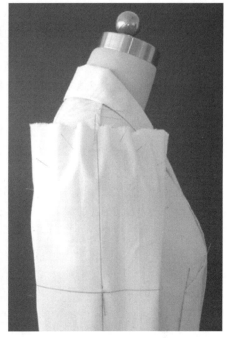

▲ 图3-293

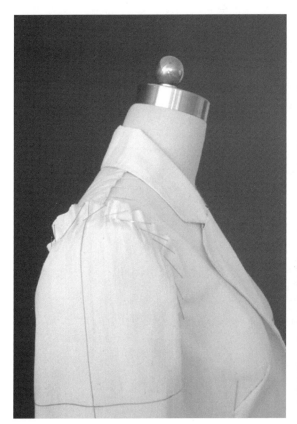

▲ 图3-294

▲ 图3-295

2. 袖山收省袖子的立体裁剪（见图3-296）

（1）坯布准备　准备长56cm、宽45 cm、袖山高28cm的长方形袖片坯布和长22cm、宽30cm长方形袖克夫坯布，标出袖山线、中心线。

（2）别合

① 将袖片的中心线、袖山线与布手臂对应的基准线吻合，在中心线与袖山线交点、肘部用大头针固定（见图3-297）。

② 在两侧捏出2.5 cm 左右的松量，可根据手臂的结构造型外袖臂多放些松量，用抓合针法别合（见图3-298）。

③ 找准袖型，沿着手臂袖底线的位置用重叠针法别合前、后缝份，粗剪袖底部和袖底的缝份（见图3-299）。

④ 对袖底缝线点影后进行成型别合。

将袖臂装入标好袖山线的衣身上，上抬一定的高度（根据款式活动度要求来定，高度越高活动度越强），袖底与衣身袖窿别合好，将手臂装入袖管中（见图3-300）。

⑤ 为了保证袖子的前倾角度，袖中线在肩点稍微向后一点确定袖山点。抓合袖山肩部省量，使衣身与袖片在肩部标定线上完全吻合后别合固定（见图3-301）。

▲ 图3-296

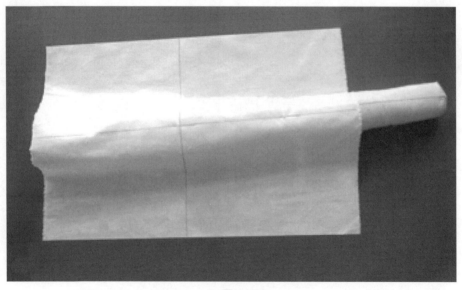

▲ 图3-297

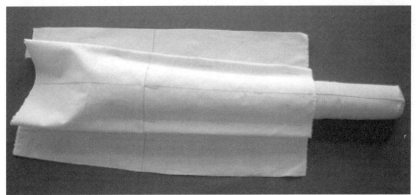

◀ 图 3-298

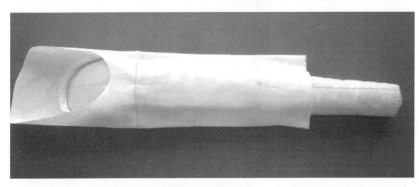

◀ 图 3-299

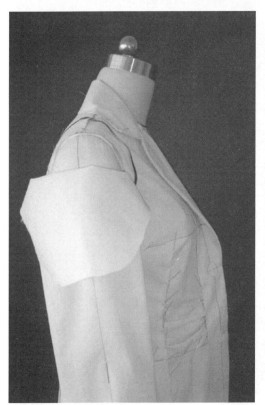

▲ 图 3-300

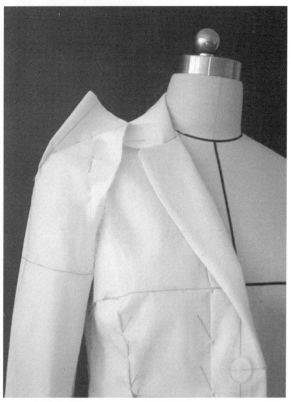

▲ 图 3-301

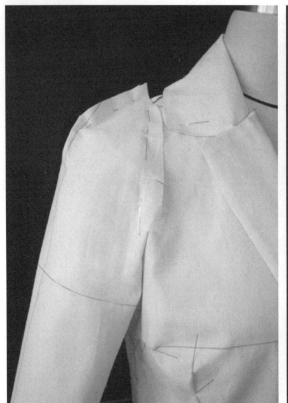

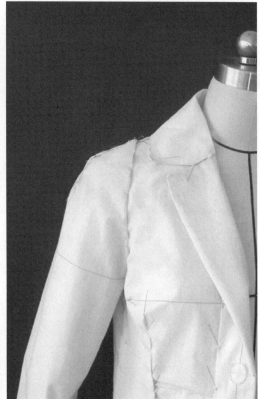

▲ 图3-302

▲ 图3-303

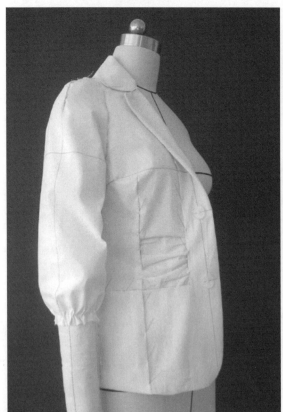

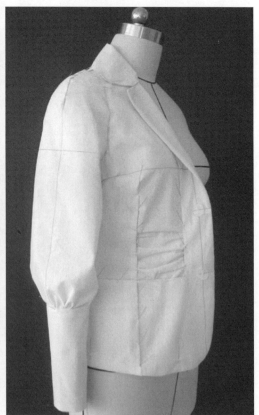

▲ 图3-304

▲ 图3-305

⑥ 保留2.5cm调整量，对肩省、袖山部分粗裁，进一步观察袖山的造型，然后调整，画出点影线和对合记号，用折叠针法完成对袖山省和袖山线的成型别合（见图3-302和图3-303）。

⑦ 对袖口抽缝处理，装好克夫（见图3-304和图3-305）。

技能训练题

1. 用正确的别合手法完成各种基础服装款式的操作，掌握服装造型与操作中空间的加放量，完成成型和描图的全过程。

2. 灵活运用立体裁剪的操作方法，完成一件结构变化设计的实用装，并完成工业样板的制作。

第四章　造型设计训练篇

- 第一节　立体裁剪设计技法
- 第二节　立体裁剪训练方法
- 第三节　作品赏析

学习目标

通过本章学习，主要把握服装立体构成的设计方法和技巧，培养学生从模仿开始，运用立体裁剪的手段，对所模仿的造型进行立体复原的能力，从而达到独立创作和实现设计构思，并完成立体造型的全过程。

通过基础造型学习和训练之后，我们将进入造型设计的研究阶段，运用构成的方法，注重创造性，把握解构、重构、综合、再塑造的方法，尝试立体裁剪的新造型方式，把握技法与整体形态的关系。本章只将服装立体的造型方法与形态作为教学的重点，暂不去讨论形态与色彩、工艺等诸因素的关系问题。

第一节 立体裁剪设计技法

一 形态构成

服装的构成离不开点、线、面、体等基本造型要素，服装设计师借助于材料、工艺等因素按照视觉、美学、力学的规律，对这些因素进行空间、分割与组合等变化，应用于服装设计的创作中，极大地拓展了设计的表现空间。

1. 平面的肌理构成

服装设计是通过材料的塑造最终实现的。可以说服装的造型设计就是对材料的造型设计，设计师不能很好地驾驭材料、创新材料，也就无法创新服装。对材料肌理的视觉美感的表现，直接影响到服装设计的造型表达。

服装的材料可以通过贴、扎、系、拼、切、补、折、绣、叠、抽、勾等各式各样的工艺手法来完成新的肌理形态，不同的材料和工艺手法可以产生不同的肌理效果，它能使服装的造型更加丰富多彩，能充分满足人的视觉、触觉感受，提高服装设计的审美情趣。以下简单介绍几种面料肌理构成实例。

（1）连点抽缝　是通过对面料进行重复连点缝缀，使面料产生不同形式的图案肌理，具有浮雕般的效果。多用于服装的局部和整体造型设计中（见图4-1~图4-6）。

（2）扎系、包缀　以有形或无形的材料作填充物，包裹后用线绳缠绕或系扎，组成一定的形式（见图4-7和图4-8）。

▲ 图4-1

▲ 图4-2

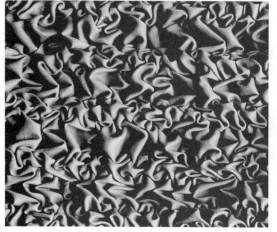

▲ 图4-3

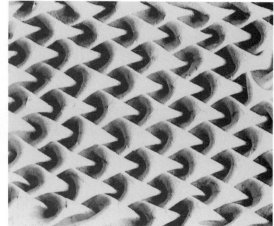

▲ 图4-4

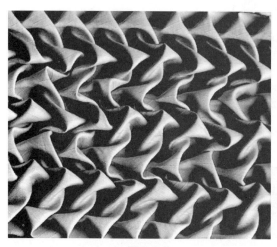

▲ 图4-5

▲ 图4-6

▲ 图4-7

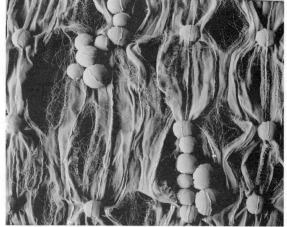

▲ 图4-8

▲ 图4-9

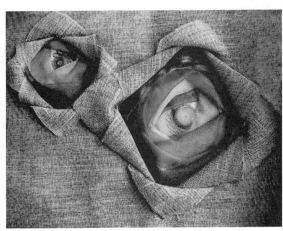

▲ 图4-10

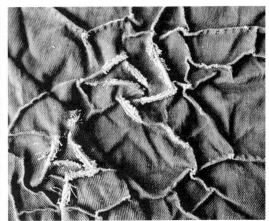

▲ 图4-11

　　（3）剪切　用刀割破面料形成裂痕或剪出一定的形状，根据色彩的需要将开口处衬垫其他的材质，形成明显的层次（见图4-9～图4-11）。

　　（4）挑丝、抽纱　挑丝是将面料的纱带起来形成套状，使本来平整的面料形成皱纹和绒面效果（见图4-12）。抽纱是把面料经纱或纬纱抽掉，形成条状或格状通透的图形。图4-13是抽掉经纱后的部分再对合的设计。

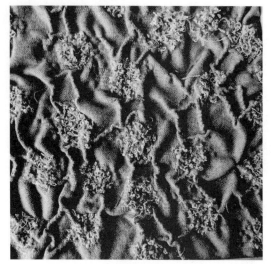

▲ 图4-12

▲ 图4-13

▲ 图4-14

（5）绗缝　在两层面料之间填入蓬松棉，在表面加以缝合，出现较为饱满的图案线迹（见图4-14）。

2. 立体的形态构成

① 将面料裁剪成360°的圆形，圆的正中心剪去与人台部位周长相等的小圆，它的底摆呈现比较均匀的多浪立体形态（见图4-15和图4-16）。

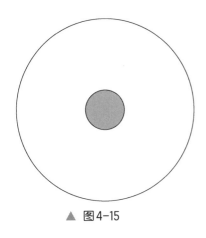

▲ 图4-15

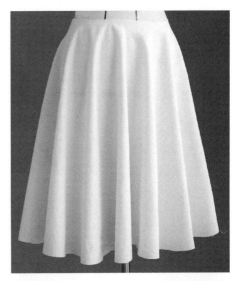

图4-16 ▶

② 将其圆的中心偏离中心的位置时，则又出现具有一定斜度的波浪形态，较中心圆的设置更具动感效果（见图4-17和图4-18）。

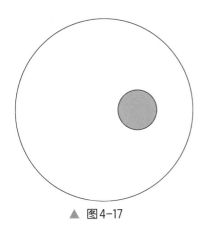

▲ 图4-17

图4-18 ▶

③ 将其360°圆面料裁剪成正方形，同样正方形中心剪去与人台部位周长相等的小圆，它的底摆除了呈现比较均匀的圆形多浪立体形态外，同时也增加了角的变化，增添了设计的律动感（见图4-19和图4-20）。

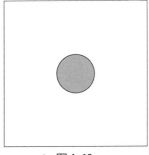

▲ 图4-19

图4-20 ▶

④ 将其正方形变成六角形，它的底摆除了呈现尖角多浪立体形态，如果摆列层数，增加角的变化，还能增添设计的律动感（见图4-21和图4-22）。

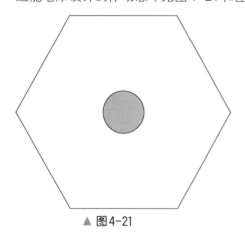

▲ 图4-21

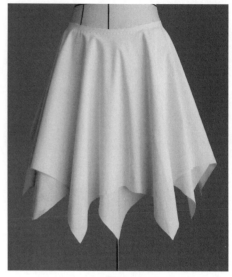

▲ 图4-22

⑤ 根据人台部位所需长度将布的外缘呈涡旋状旋转，拉开后就会呈现荷叶飞边形状，可单层，可多层，层层叠叠、波浪起伏产生立体感很强的曲线状（见图4-23和图4-24）。

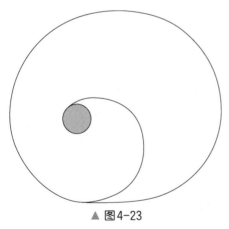

▲ 图4-23

▲ 图4-24

二 服装立体裁剪设计的构思方法

1. 目的性操作设计

先将构思通过设计效果图的形式表达出来，并把正、背、侧各个角度的造型详尽地表现在纸面上，完成其比例、结构和肌理的操作计划，作为立体裁剪操作的依据，在进行立体造型操作时要按照预期的效果来完成。

2. 偶然性操作设计

操作前没有太多的构思和想法，而是将布在人台上随意进行披挂、缠绕、堆积、褶皱或开剪等，从中发现美的造型与形态。这种不可预见性设计往往能引发设计师新的灵感和设想，激发设计欲望，更好地体现设计的原创性。

第二节　立体裁剪训练方法

1. 复原造型

这一步骤是对现有的设计实例作造型分析，复原其主体造型的一个过程。学生不需要在设计构思上下工夫，而是要针对原作的构成形态、构造技法一一进行解析。学生要利用想象力和经验，将作品的画面效果和不完整的部分通过想象、分析，采用立体裁剪的造型手法，准确地体现出原作的效果。

▲ 图4-25

▲ 图4-26

原作是采取不同质地的面料完成的造型设计，在训练过程中可以不去考虑其面料和装饰部分（见图4-25和图4-26）。

2. 借鉴发挥

通过查阅和欣赏优秀的设计作品，进一步体验设计理念，借鉴其造型的构成元素，加入自己的想法，以标准人台为表现对象，正确地把握人台与服装造型空间量，并考虑人体的活动机能和穿着的舒适度，完美地体现出设计意图，是"拿来"与"自创"集合起来的一种训练方法。

二、创作阶段

通过主题性和实用性设计的要求进行构思，将灵感与审美相结合，运用逆向思维、侧向思维、发散思维、聚合思维的方式，大胆地想象，不断地尝试，将立体造型艺术与科学技术结合起来。

在服装立体裁剪的创作中，把握好造型与材质的关系，服装与人体运动的关系，舒适与审美的关系。最终将创意设计通过立体裁剪的手段实现，获得准确的板型。

下面介绍一个利用立体裁剪实现设计构思的例子。

（1）设计效果图（见图4-27）

（2）制作步骤

① 在人台上用胸垫进行胸部补正，贴出领口线和侧面分割线（见图4-28）。

② 按制作紧身衣的方法制作胸衣，加放基本松量，要让胸

▲ 图4-27

衣贴合人体。贴出胸衣和胸垫连接的分割线（见图4-29）。

③ 内衬做至臀围线，两侧面要留出一定的量，再做后面，缝合一侧面，同时将肩带做出（见图4-30）。

④ 简单定出前后上身斜条走向，定出数量与宽度。注意斜条为45°正斜最佳，根据估计的褶量定出宽度。

按照所定的斜度将斜条自左侧向右侧拉伸，拉伸时要用手理出自然的褶量，固定斜条（见图4-31）。

⑤ 按照同样的方法将其他的斜条固定，将斜条上下交叠穿插。注意褶型、褶量的分配和疏密安排（见图4-32和图4-33）。

⑥ 后身制作步骤与方法同前片一样（见图4-34）。

⑦ 按照胸衣的轮廓线修剪前后片与侧面分割线处的余布。

将定型的斜条缝合固定在胸衣上，并修剪袖窿弧线（见图4-35）。

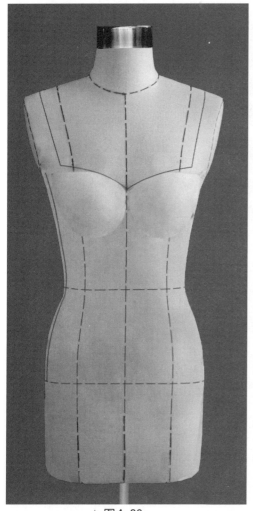

▲ 图4-28

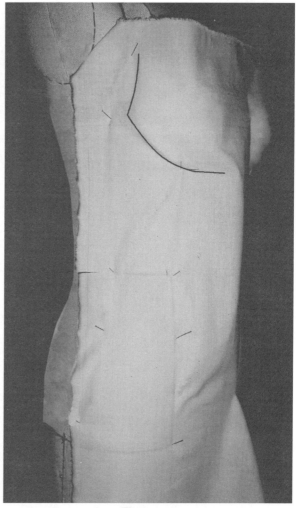

▲ 图4-29

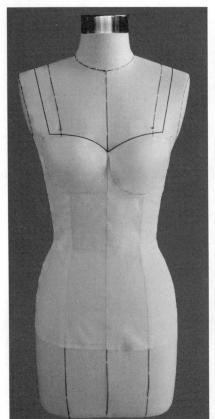

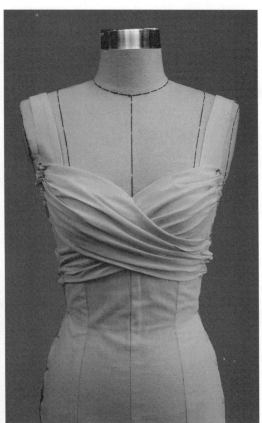

图4-30 ▶

◀图4-31

图4-32 ▶

◀图4-33

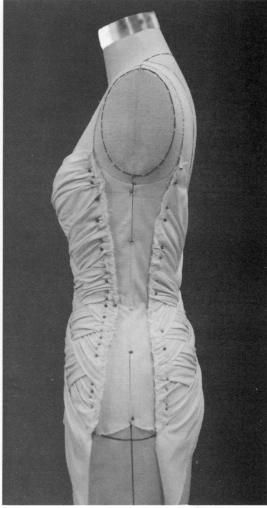

▲ 图4-34　　　　　　　　　　　　　▲ 图4-35

⑧ 先做出合体的内袖，再用网纱在袖山处做出泡泡袖的大形（见图4-36）。

⑨ 固定泡泡袖的袖山中点，在袖山两侧和袖口处抽缩出一定量的活褶，做出袖型，裁出袖片。

将泡泡袖的袖口与袖山处固定在内袖上，与袖窿缝合（见图4-37）。

⑩ 完成袖子之后的效果（见图4-38和图4-39）。

⑪ 将正斜纱面料固 定在臀围线上，向下用粘带贴出鱼尾裙片的形状，留出臀围放松量。注意要在膝围以上向外放出裙摆的弧线（见图4-40）。

⑫ 复制出其他裙片并缝合成型，留出后中心线（见图4-41）。

⑬ 沿后中心线从臀围线以上10cm处量至裙底，在后中心处别出波浪状的拖摆，整理出螺旋状造型。复制另一片，将两片拖摆与后中心线缝合（见图4-42和图4-43）。

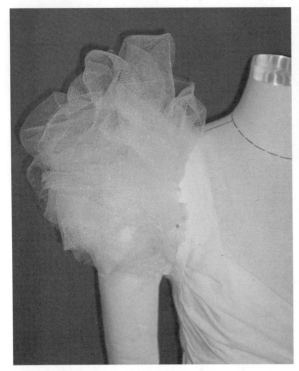

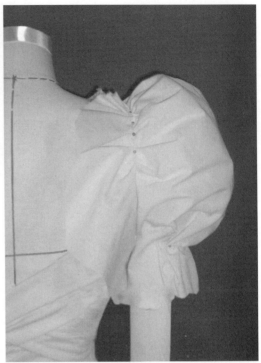

▲ 图4-36 ▲ 图4-37

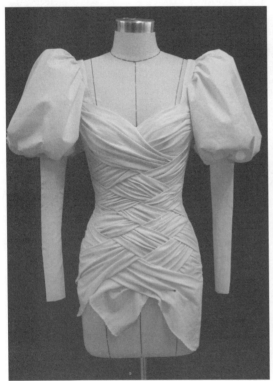

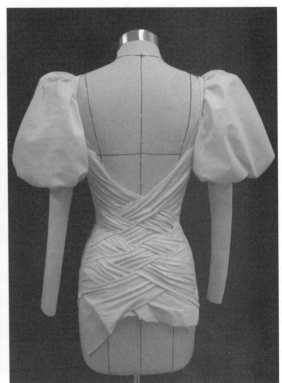

▲ 图4-38 ▲ 图4-39

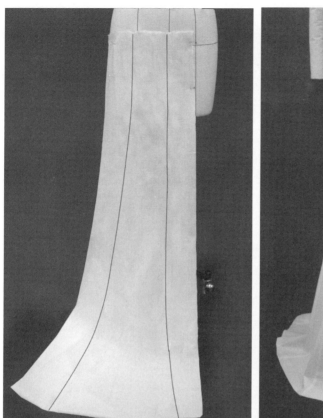

⑭ 将裙子的腰口修剪成与上身腰口形状相符的弧形，然后再与上身缝合。

作品正面、侧面、背面的完成效果图见图4-44~图4-46。

图4-44 ▶

图4-45 ▶

◀ 图4-46

第三节 作品赏析

一、学生立体裁剪作品

在此我们选用了几款学生在立体裁剪课堂上完成的较优秀的习作进行分析。他们在实践中不断摸索和创新，将实用与艺术相结合，较好地掌握了立体裁剪的构思方法和技巧。

图4-47 ►

◄ 图4-48

① 图4-47的设计吸收了军用风衣的结构造型，综合了拿破仑领与蒙塔纳式的翻领结构，将传统设计与现代设计融合在一起。

操作要点：

衣身操作中空间量很大，覆片在肩部与衣身吻合，腰身、背部袖山作了放射性立体明省装饰，袖子采用平面制图法完成，衣片均为垂直纱向。

② 图4-48是一种包裹式手法完成的短式礼服设计。设计者从古希腊和古罗马服装中汲取灵感，强调服装的自然美。利用前开合的方法，把较为适体的时装包裹在人体上，呈现浪漫、高雅的情调。

操作要点：

上身采用较为偏斜纱向的布，由前身缠绕肩、臂经后身到另一侧结束，领部自然而随意地翻折，胸前的伞形结构片，采用平面压褶的手段来完成。裙子的部分采用360° 多层圆形裁片结构层叠来完成膨胀造型。

▲ 图4-49

▲ 图4-50

③ 图4-49和图4-50的设计灵感来自于19世纪中叶法国女士服装造型。腰部紧收，臀部蓬松。裙摆呈花苞状。具有洛可可浪漫主义风格特征。

操作要点：

衣身做了公主线分割处理，加放量很少。腰部凸起的附加片用平面裁剪加入抽褶量的方法完成，领部采用与衣身相同的直纱向，双折操作，后领座较高，完成后领端自然张开。

袖子采用一片直筒形裁片结构，袖山大量的收褶，肘部留有活动量，其余进行捏褶处理。

梯形两片裙裁片，上下用皮筋收紧，内用衬裙吊起，使下摆自然兜起，形成泡状造型。

▲ 图4-51

▲ 图4-52

④ 图4-51和图4-52的设计采用多种形式的表现手法，属于套装小礼服。注重细节处理，优雅而且女性味十足。

操作要点：

短款上身的领口、门襟和底摆用顺风褶作叠压处理，服装的外边缘用等量大小的荷叶花边镶嵌，一片圆装七分袖，宽袖克夫，周身放松量较小。

在平面上做面料肌理处理后作连衣裙胸部的立体裁剪。将长条布作抽缝在臀围线处装饰排列，裙摆用多层横丝裁片由短到长层叠罗列。

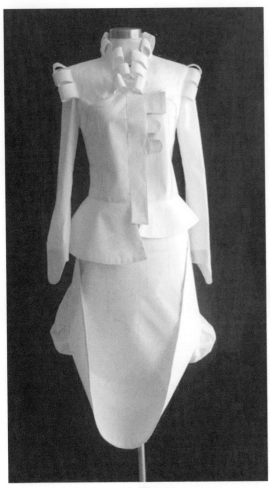

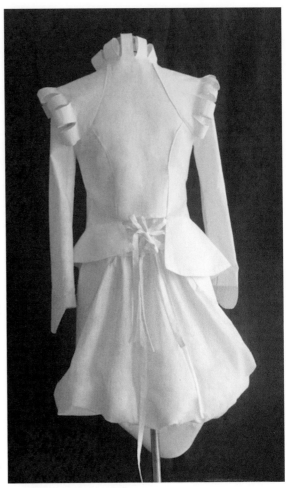

▲ 图4-53　　　　　　　　　　　　▲ 图4-54

⑤ 图4-53和图4-54的设计极具果敢风格，采用了夸张手法，独特的几何造型更增加了视觉的冲击力。硬挺中又兼备女性的柔和与纤美。

操作要点：

此款上衣领型采用连身双折操作，按设计意图做开剪处理，肩部与领口做法相同。衣身收腰省，胸围以上做了曲线分割处理，使袖窿省转移其中。门襟的造型上做了大胆的联想。

袖子为一片圆装袖，袖肘线以上较为合体，袖口的造型类似于马蹄袖，袖口部位较为宽松；腰围线处做了分割的造型设计，下摆为斜纱不对称造型；裙子底摆翻折到臀部固定。此款设计实际面料可选用较为硬挺的材料来完成。

▲ 图4-55

▲ 图4-56

⑥ 图4-55是紧身型晚礼服，在胸部设计了文胸结构的分割处理，宽窄不同的飞边以及下摆插片的设计，增加了动感效果。

操作要点：

肩部、胸前和臀部的飞边分别采用涡旋裁片结构和独边缩缝方法，底摆分割线中插入裁成120°的锥形斜纱布片，形成自然的垂褶。适合以雪纺绸面料制作成品。

⑦ 图4-56是比较性感的礼服设计，适合舞会等场合，以充分体现其活泼动感的效果，裙摆的荷叶边拖尾有强烈的视觉效应，增加了表现力。

操作要点：

设计重点在于后背的分割与造型的处理，无领型，袖子为连身袖，露肩，后片的绳带可以随意地调节衣身的肥度，裙摆运用了45°斜纱缩褶处理，层叠的造型塑造了飘逸的风格特征。

▲ 图4-57

⑧ 图4-57是一件通过肌理和缠绕法构成的礼服设计，简洁而丰富，单纯中透着甜美。

操作要点：

上身前后片采用整块斜丝布在侧面进行抽缩处理固定褶量，由于采用斜丝，在转折和胸部的起伏地方过渡比较圆顺，不易产生硬褶。

裙身主要用大小不同的圆形片相连相叠构成。装饰性的圆形片可以预先用长方形布两边相连成筒状，将一边作抽缝收紧而成。

二 设计大师作品赏析

我们选用了一些设计大师的较为典型的立体裁剪作品，在造型、款式、技法和面料使用等各方面进行欣赏和分析，在欣赏中得到美的享受，从分析中一窥其精妙的技艺，从而为提高立体裁剪的造型能力和表现力提供帮助。

① 图4-58的款式设计以浪漫又奢华的多层荷叶造型为主，半透明的纱质面料层层叠叠，如水波涟漪般的线条展现了精制和妖娆，保持了轻盈和灵动的特点。

操作要点：

此款作品分为紧身裙和荷叶边两部分。紧身裙设有斜向略带旋转的多条分割线，将余量通过分割线收进，使分割线既具有收省量的作用，同时具有线条的美观性。螺旋裁片制成的荷叶边采用多层重叠的形式，从上到下盘旋固定在紧身裙上，由疏到密，呈现层叠丰盈的效果。

▲ 图4-58

◀ 图4-59

② 图4-59表现的是随意的款式混合着华丽的造型,深V领的蕾丝衬衫体现了热烈的性感,夸张的多层塔式裙摆又增添了强烈的视觉感受。

操作要点:

本款式是典型的抽褶形式作品。上衣的领口、袖口都采用较薄软的蕾丝面料裁成不规则形,抽缩整理而成。腰间系缎带制成的花形腰带。裙身采用塔夫绸等较挺括、有光泽的面料,通过抽褶形成蓬松而具有体积感的底裙,再准备两倍于裙摆围度量的条形裁片,横向对折,抽缩出饰边,缝缀于裙身上,由上至下逐渐增加宽度,增强了体积感和量感。

图4-60 ▶

③ 图4-60是一件比较典型的利用立体裁剪技巧制作的礼服，华贵的面料与光鲜的色彩图案相映生辉，简洁明快的造型更突显出着装者的妆容与气势。

操作要点：

采用较挺括的面料有助于此款式的完成。衣身的廓型呈现出上紧下松的塔式造型，夸张的裙摆通过抽缩与内里缉合，并由内里提吊，形成膨大外形，前胸处的花结处理与底摆的前短后长造型，体现了设计者胀收有度的巧妙设计手法。

◀ 图4-61

④ 追求怪异和超现实的感觉一直是鬼才设计师 Alexander McQueen 的典型风格。在图4-61这件作品中，服装特殊的裁剪造型方式和所表现出的未来感与模特略带诡异的妆容，完美地体现了设计师在结构设计上的高深造诣。

操作要点：

此款采用高腰连身裤装造型，先估计好长度和宽度，将衣片对折，折边在中心处对合成为整个衣身的中心线。下身按裤型直接裁剪成型，腰部收进，剪去余量，在胸下位置向外横裁出袖底线，将衣身上部对折进去的量向外拉开，衣片围裹搭叠，形成自由随意的造型，肩和领口随衣身造型裁出。注意上身要留充分的搭叠量。

图4-62 ▶

⑤ 图4-62的设计作品体现了浓厚的复古风格。它的表现为：古希腊式的垂褶，雕塑般的立体效果，以及柔和流畅的线条。

操作要点：

根据此款的特点，可采用柔软度好、悬垂性强的针织面料或软缎等制作。先将面料沿直丝方向捏细密的褶做出裙身，再使用斜丝面料在身体两侧和颈部做出交叉缠绕的荡褶。袖的上部也以十分宽松垂坠的荡褶造型呈现，袖肘以下部分收进紧裹小臂。整体要放在荡褶的圆顺光滑和线条的自然流畅方面。

▲ 图4-63

⑥ 图4-63的款式设计以强烈的立体感和体积感给人以视觉上的冲击。棕黑色的面料色彩和厚实的质地又给予强调，突出了大气、硬朗的风格。

操作要点：

选用质地较厚、挺括、并有一定光泽感的大幅面料，以较随意的手法，将其围裹在人体上，在胸腰部进行扎系，收出腰线较高的造型。整理褶形时要注意疏密、大小、体积的变化和对比，在大型中也要注意有小细节。

图4-64 ▶

⑦ 图4-64的款式设计通过层层叠叠的缝缀拼压和不同的色彩多层叠加，产生丰富柔和的色彩感觉和梦幻般的轻盈感受，使模特如从童话中走出的精灵一般不染尘嚣。

操作要点：

根据上身的立体造型，将衣身部分的面料通过拼缝、挤压做出较粗糙的肌理效果。领、袖和裙身部分采用多片多层叠加缝缀的方法，做出不规则的蓬松造型，利用薄纱面料轻盈透明的特点，制造出柔和的混色效果，同时也强调了飘逸轻灵的特点。

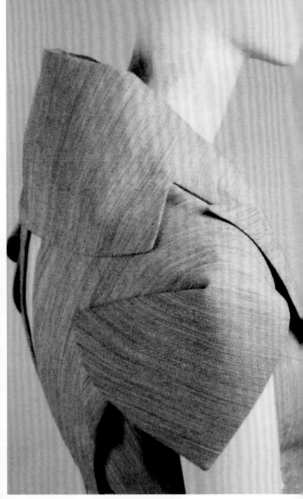

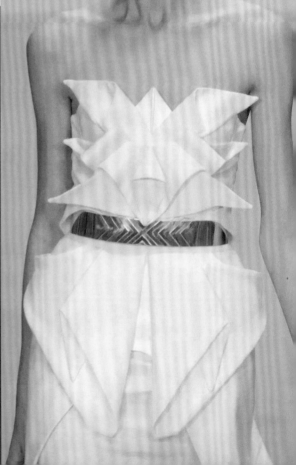

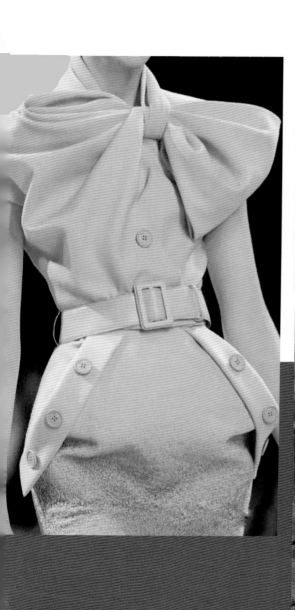

作品欣赏——整体造型设计

技能训练题

运用立体裁剪的构成设计方法和技巧，独立完成一件服装造型表现。

参 考 文 献

［1］《立体裁剪》基础篇. 张祖芳，张道英等译. 上海：东华大学出版社，2006.

［2］尤佳著. 意大利立体裁剪. 北京：中国纺织出版社，2006.

［3］王旭，赵憬. 服装立体造型设计. 北京：中国纺织出版社，2000.

［4］王善钰. 服装立体裁剪技法大全. 上海：上海文化出版社，2003.

［5］张文斌，王朝辉，张宏. 服装立体裁剪. 北京：中国纺织出版社，2002.